东南亚重点国家农机化及农机市场发展形势研究

张 萌 著

中国农业出版社

北 京

图书在版编目（CIP）数据

东南亚重点国家农机化及农机市场发展形势研究 /
张萌著. —北京：中国农业出版社，2022.5
  ISBN 978-7-109-29988-7

Ⅰ.①东… Ⅱ.①张… Ⅲ.①农业机械化－研究－东
南亚②农机市场－研究－东南亚 Ⅳ.①S23②F333.05

中国版本图书馆 CIP 数据核字（2022）第 166613 号

中国农业出版社出版
地址：北京市朝阳区麦子店街 18 号楼
邮编：100125
责任编辑：王秀田　　文字编辑：张楚翘
版式设计：杜　然　　责任校对：吴丽婷
印刷：北京中兴印刷有限公司
版次：2022 年 5 月第 1 版
印次：2022 年 5 月北京第 1 次印刷
发行：新华书店北京发行所
开本：700mm×1000mm　1/16
印张：7.25
字数：150 千字
定价：68.00 元

前　言

　　全面梳理和分析世界重点区域农业机械化和农机市场发展形势，对促进中国农机成功"走出去"具有非常重要的实际意义。东南亚是中国的近邻，作为地理空间辽阔、经济发展迅速的区域，无疑是中国农机"走出去"需要优先选择的重点区域。因此，非常有必要强化对东南亚地区农业机械化及农机市场的分析研究。

　　鉴于此，本书综合考虑农业发展情况、农业机械化发展水平、农机市场和贸易规模等多种因素，选择泰国、缅甸、马来西亚、印度尼西亚、越南、柬埔寨、老挝和菲律宾八个国家，从农业生产规模与结构、农机化发展历程与现状、农机市场贸易规模与结构等方面开展了相关研究。

　　本书旨在通过以上分析研究，为东南亚重点国家描绘较为准确的"农机画像"，希望能为有关部门和企业制定相关政策或战略提供借鉴和参考。由于水平有限，书中错误之处在所难免，敬请读者指正。

目 录

第一章 泰 国

　　泰国位于中南半岛中南部，与柬埔寨、老挝、缅甸、马来西亚接壤，东南临泰国湾（太平洋），西南濒安达曼海（印度洋）。泰国人口约为 6 619 万，国土面积约为 51.3 万平方千米，全国可耕地面积约占国土面积的 41%，是东南亚耕地面积最大的国家。

第一节 农业发展情况

一、农业生产概况

　　泰国是东南亚地区农业基础最好的国家，农业综合实力很强，其农产品不仅能够满足国内消费需求，还可以出口到国外。其中，泰国大米出口已连续十多年位居世界大米出口首位，每年为泰国创汇近 40 亿美元。目前，泰国境内还有大量可供利用的土地，农业生产和农产品贸易发展前景广阔。

　　从农作物的收获面积情况来看（表 1-1），泰国以种植水稻、天然橡胶、甘蔗、木薯、玉米和热带水果等为主，几类作物收获面积近年来总体上较为稳定，且水稻、天然橡胶、甘蔗、木薯、玉米稳居泰国农作物收获面积前五，常年收获面积在百万公顷以上。其中，2020 年泰国水稻收获面积达到了 1 040.17 万公顷，位居世界第五，约占世界总收获面积的 6.34%、占东南亚总收获面积的 23.61%；天然橡胶收获面积达到了 329.27 万公顷，位居世界第二，仅次于印度尼西亚，约占世界总收获面积的 25.73%、占东南亚总收获面积的 34.06%；甘蔗收获面积达到了 183.44 万公顷，位居世界第三，仅次于巴西和印度，约占世界总收获面积的 6.93%、占东南亚总收获面积的 58.45%；木薯收获面积达到了 142.69 万公顷，位居世界第三，仅次于尼日利亚和刚果（金），约占世界总收获面积的 5.05%、占东南亚总收获面积的 43.83%。另外，2020 年泰国其他热带水果收获面积达到了 48.26 万公顷，位居世界第二，仅次于中国，约占世界总收获面积的 14.52%、占东南亚总收获面积的 46.40%；四季豆收获面积达到了 16.58 万公顷，位居世界第三，仅次于中国和印度，约占世界总收获面积的 10.50%、占东南亚总收获面积的 56.37%；椰子收获面积达到了 12.45 万公顷，位居世界第九，约占世界总收获面积的 1.08%、占东南亚总收获面积的 1.82%。

表 1-1　泰国历年主要农作物收获面积

单位：万公顷

类别	2016 年	2017 年	2018 年	2019 年	2020 年
水稻	1 073.43	1 071.97	1 064.79	981.26	1 040.17
天然橡胶	304.76	305.71	320.37	327.29	329.27
甘蔗	143.31	140.35	179.02	183.51	183.44
木薯	141.53	139.43	133.24	138.67	142.69
玉米	100.25	104.85	110.31	104.35	110.09
棕榈果	63.21	79.71	85.64	90.61	94.03
杧果、山竹、番石榴	40.86	38.14	20.78	21.07	21.13
其他热带水果	47.98	47.98	46.76	46.69	48.26
四季豆	16.68	16.41	16.52	16.54	16.58
椰子	19.00	12.1	12.12	12.38	12.45

数据来源：联合国粮农组织。

从农作物的产量情况来看（表 1-2），基本稳定在前十位的作物是甘蔗、水稻、木薯、棕榈果、玉米、天然橡胶等，且甘蔗、水稻、木薯和棕榈果是总产量最高的农作物且稳居前四。其中，2020 年甘蔗产量达到 7 496.81 万吨，尽管较前几年明显下降，但仍然位居世界第五，约占世界总产量的 4.01%、占东南亚总产量的 48.27%；水稻产量达到 3 023.10 万吨，位居世界第六，约占世界总产量的 3.99%、占东南亚总产量的 15.99%；木薯产量为 2 899.91 万吨，位居世界第三，约占世界总产量的 9.58%、占东南亚总产量的 40.49%；棕榈果产量为 1 565.66 万吨，位居世界第三，约占世界总产量的 3.74%、占东南亚总产量的 4.23%；天然橡胶产量为 470.32 万吨，位居世界第一，约占世界总产量的 31.68%、占东南亚总产量的 42.77%；其他热带水果产量为 288.16 万吨，位居世界第四，约占世界总产量的 11.32%、占东南亚总产量的 34.38%；杧果、山竹、番石榴产量为 165.76 万吨，位居世界第八，约占世界总产量的 3.02%、占东南亚总产量的 22.36%；菠萝产量为 153.25 万吨，位居世界第七，约占世界总产量的 5.51%、占东南亚总产量的 19.74%。

表1-2　泰国历年主要农作物产量

单位：万吨

类别	2016 年	2017 年	2018 年	2019 年	2020 年
甘蔗	9 413.85	9 308.85	13 507.38	13 100.22	7 496.81
水稻	3 185.70	3 289.89	3 234.81	2 861.79	3 023.10
木薯	3 116.10	3 049.52	2 936.82	3 108.00	2 899.91
棕榈果	1 142.02	1 445.23	1 553.50	1 640.84	1 565.66
玉米	439.02	482.10	506.91	453.51	480.58
天然橡胶	451.90	450.31	481.35	484.00	470.32
杧果、山竹、番石榴	333.11	308.75	157.64	164.31	165.76
其他热带水果	256.93	260.98	262.46	283.65	288.16
菠萝	201.36	232.84	235.09	182.53	153.25
香蕉	111.82	111.43	126.54	129.76	136.07

数据来源：联合国粮农组织。

泰国畜牧业主要以养猪、牛和鸡鸭为主。从主要畜禽存栏量可以明显看出（表1-3），生猪和黄牛的存栏量要远远高于其他大牲畜的存栏量，鸡的存栏量也远远高于其他家禽存栏量。其中，2020 年末泰国生猪存栏量达到 753.61万头，约占东南亚总存栏量的 9.52%；黄牛存栏量达到 464.12 万头，约占东南亚总存栏量的 8.34%；水牛存栏量达到 92.35 万头，约占东南亚总存栏量的 6.82%；鸡存栏量达到 2.86 亿只，约占东南亚总存栏量的 5.54%。另外，泰国 2020 年末鸭存栏量达到了 1 408.50 万只，位居世界第九，约占世界总存栏量的 1.22%、占东南亚总存栏量的 6.26%。

表1-3　泰国历年主要畜禽存栏量

单位：万头、万只

类别	2016 年	2017 年	2018 年	2019 年	2020 年
生猪	768.01	765.31	757.44	755.52	753.61
黄牛	470.00	468.00	464.37	460.00	464.12
水牛	116.01	104.30	97.04	94.62	92.35
山羊	45.03	44.69	45.59	46.06	46.64
绵羊	4.20	4.21	4.16	4.06	3.98
鸡	27 648.20	27 138.30	27 664.30	28 127.10	28 576.40
鸭	1 536.00	1 465.40	1 489.60	1 454.50	1 408.50

数据来源：联合国粮农组织。

从主要畜禽产品的产量来看（表1-4），产量比较高的也是与鸡、牛和猪相关的产品。其中，2020年泰国鸡肉产量达到178.20万吨，约占东南亚总产量的15.86%；牛奶产量达到120.00万吨，约占东南亚总产量的21.73%；猪肉产量达到89.35万吨，约占东南亚总产量的11.51%；鸡蛋产量达到71.32万吨，约占东南亚总产量的8.59%；牛肉产量为11.30万吨，约占东南亚总产量的6.63%。

表1-4　泰国历年主要畜禽产品产量

单位：万吨

类别	2016 年	2017 年	2018 年	2019 年	2020 年
鸡肉	162.87	166.09	169.98	174.02	178.20
牛奶	120.00	120.00	120.00	120.00	120.00
猪肉	91.27	91.01	89.79	89.54	89.35
鸡蛋	69.00	69.50	71.00	70.34	71.32
牛肉	14.00	14.50	14.00	14.30	11.30

数据来源：联合国粮农组织。

二、农业发展水平

农业增加值是反映农业发展水平的重要指标之一。从泰国农业增加值的变化来看（图1-1），1970年至2020年间总体呈波动上升的趋势，尤其是2002

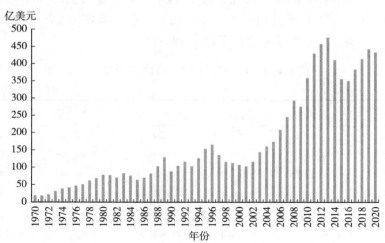

图1-1　泰国历年农业增加值变化情况

数据来源：联合国粮农组织。

年开始几乎持续快速增长，在2013年时达到475.91亿美元的峰值，之后出现逐渐回落再波动上升的态势。

泰国农业增加值占东南亚农业增加值的比例呈基本稳定的总体趋势（图1-2），基本稳定在15%左右，在1989年达到了峰值22.14%，2020年接近最低值仅为13.58%。这也在一定程度上反映了东南亚农业在这一时期的快速发展。泰国农业增加值占全国GDP的变化则呈现出持续下降的明显趋势，且整体波动幅度非常大，由1970年的25.89%下降到了2020年的8.64%，从1990年开始就基本稳定在了10%以下。

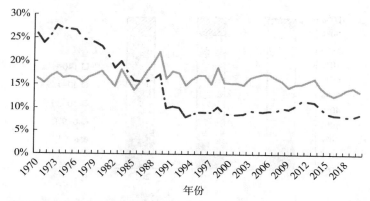

图1-2 历年泰国农业增加值占东南亚农业增加值和全国GDP比例情况

数据来源：根据联合国粮农组织数据计算得到。

三、农业经营规模

从农场的数量和经营规模来看（表1-5），泰国农户整体上呈总体数量增加、平均经营规模减小的趋势，但变化幅度并不是太大。其中，农场数量从1993年的560万个增加到2013年的590万个，单个农户的经营土地面积从1993年的21.0莱*下降到了2013年的19.7莱。

从经营规模方面分析农户的结构特征（图1-3），可以发现泰国的农户呈现明显的"两头少、中间多"特征，经营规模在10至39莱的农户占到了总数的50%以上，最高在1993年占到了54.3%，最低的2013年也达到了50.5%。

---

* 莱为泰国使用的面积测量单位，1莱＝1 600平方米。

从变化趋势来看，20 年间农户经营规模占比基本上没有太大变化。

表 1-5　泰国农户数量和规模情况

类别	1993 年	2003 年	2013 年
数量（百万户）	5.6	5.8	5.9
总土地规模（百万莱）	118.8	112.7	116.5
平均经营规模（莱）	21.0	19.4	19.7

数据来源：泰国农业普查。

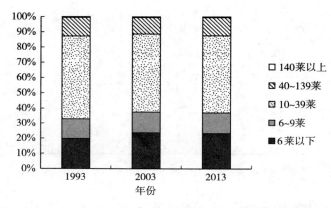

图 1-3　泰国部分年度不同经营规模的农场数量构成情况

数据来源：泰国农业普查。

第二节　农机化发展分析

一、农机化发展历程

泰国是东南亚地区农业机械化起步最早、发展水平最高的国家之一。早在 1891 年，泰国政府就进口了蒸汽动力拖拉机和旋转锄，但后来发现这些机械无法适应当地的稻田作业环境且价格非常昂贵。20 世纪 20 年代早期，部分进口农业机械的田间试验开始展开，但是由于当地有经验研究人员的缺乏，这一阶段的研发工作并没有取得很大进步。20 世纪 50 年代早期，政府的水稻试验站开始推动四轮拖拉机的应用，但是并未取得成功。1955 年，泰国从各国进口了 262 台拖拉机，其中最受欢迎的是来自日本的两轮拖拉机和动力耕耘机。1956—1957 年，泰国进口拖拉机数量开始大幅增加，也带动了当地制造商开始简单设计拖拉机或开展进口拖拉机的适应性改进。1957 年，泰国农业与合作社部农业工程局发布了由当地制造商设计的轴流泵，并迅速得以商业化生产和广泛应用。1958 年，又发布了名字为"铁水牛"的 25 马力四轮拖拉机，并在两家私企开始商业化生产，但由于高昂的制造成本使得无法与进口拖拉机竞争，后来这两家企业并未批量生产。与此同时，第一款水稻联合收割机也设计成功了，但最后也没有商业化生产。1960 年和 1964 年，福特和麦赛福格森两家企业在泰国建立了四轮拖拉机装配线。1964—1965 年，曼谷附近的厂家开始尝试对进口的两轮拖拉机开展适应性改进，但是只有一家取得了成功，通过改造齿轮箱和其他零部件使得拖拉机适应了稻田作业条件。1966 年，一些企业开始生产两轮拖拉机，由于与进口机型相比价格相对低廉、适应性更强，这些拖拉机非常受欢迎，获得了广泛应用。1967—1969 年，部分企业开始生产简单的四轮拖拉机。1975 年，泰国农业与合作社部农业工程局认可了国际水稻研究所研发的一种水稻脱粒机并试图进行商业化生产，尽管迅速售出了 10 台，但并未达到预期的效果；后半年，一款更新的脱粒机才在 3 家企业开始商业化生产，并得到广泛应用。1977 年，国际水稻研究所研发了一种便携式水稻脱粒机，但是由于容量较低并未被广泛采用。同年，日本的喂入式联合收割机面向泰国农民开展演示，被勉强接受。1978 年，泰国一家当地企业从中国进口了一种水稻插秧机，但在本地的销量并不大。同时，泰国农业与合作部农业工程局还测试了一种日本的收割机。1981 年至 1982 年期间，泰国从中国进口了千余台收割机，但发现无法很好适应当地的作业条件。1985 至 1987 年，曼谷当地的企业开始自行制造水稻联合收割机，并于 20 世纪 90 年代初取得成功。由于较好的适应性，这些作业速度每小时 0.42 公顷到 0.9 公顷不等的收割机在中部平原等地区广受欢迎，1997 年就有约 2 000 台在用。目前，继续升级改造的收割机已经在泰国全境得到了广泛应用，泰国水稻生产机械化水平也成为所有作物中最高的。表 1-6 展示了 2013 年泰国农户使用相关农业机械的基本情况，拖拉机、联合收割机和碾米机等使用农户数量相对较多。总体来看，近年来农业劳动力短缺成为制约泰国农业生产的关键性问题，泰国对农业机械的需求将呈不断上升趋势。

第一产业从业人数占全社会从业人数的比例变化，也能够在一定程度上反映农业机械化的发展趋势。一般认为该指标越高，农业机械化发展水平越低。就泰国而言（图 1-4），可以看出 1991 年时泰国第一产业从业人数占全社会从业人数的比例高达 60.30%，显示出泰国农业机械化在当时就具有较低的发展水平，之后数年呈波动下降趋势。大约从 2004 年到 2013 年，下降并处于较为稳定的第二个阶段，基本上稳定在 40％左右。之后到 2019 年该指标继续呈持续下降趋势，从 2016 年开始基本稳定在略高于 30％的水平，一定程度上表明泰国农业机械化还有较大的发展潜力。

表 1-6　2013 年泰国主要农业机械使用情况

单位：户、%

类别	使用农户数量	占比
四轮拖拉机	2 427 001	41.1
两轮拖拉机	2 438 848	41.3
背负式喷雾机	1 273 177	21.5
机动喷雾机	1 323 153	22.4
手扶式除草机	1 053 087	17.8
机动除草机	1 155 443	19.5
手扶式播种机	720 999	12.2
机动播种机	167 413	2.8
甘蔗收割机	82 044	1.4
联合收割机	1 639 016	27.7
水稻脱粒机	542 887	9.2
玉米脱粒机	173 568	2.9
粮食风选机	207 718	3.5
碾米机	1 808 871	30.6
挤奶机	11 701	0.2

数据来源：泰国国家统计办公室。

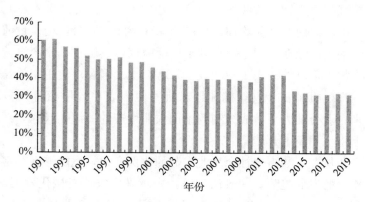

图 1-4　泰国历年第一产业从业人数占全社会从业人数比例情况

数据来源：联合国粮农组织。

二、主要农机产品保有量

主要农机产品保有量在某种程度上也是反映一个国家或地区农业机械化发展的重要指标之一。从泰国两轮拖拉机保有量情况来看（图1-5），其整体上呈持续增长态势，由 1975 年的 9 万台增长到了 2019 年的 666.14 万台，是泰国保有量最高的农业机械。

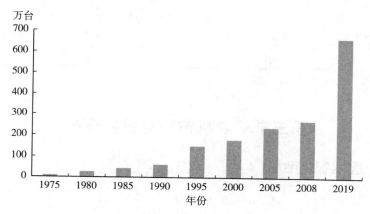

图 1-5　泰国两轮拖拉机保有量情况

数据来源：泰国农业工程协会。

从主要农业机械的保有量变化来看（表1-7），各类农业机械均有不同程度的增长。而且泰国农户更倾向于使用小型手扶拖拉机，2019 年保有量达到了 666.14 万台。由于水稻是泰国主要的种植农作物，考虑到水田作业的特殊条件，种植水稻农户更倾向于使用 50 马力*以下拖拉机，这也是 50 马力以下拖拉机保有量较大的主要原因。

表 1-7　泰国主要农机保有量情况

单位：台

农机类型	2017 年		2018 年		2019 年	
	总量	农户平均	总量	农户平均	总量	农户平均
手扶拖拉机	6 452 003	0.92	6 662 584	0.92	6 661 365	0.89
24～50 马力轮式拖拉机	958 725	0.14	1 100 780	0.15	1 332 152	0.18

---

* 马力为非法定计量单位，1 马力≈735 瓦特。

（续）

农机类型	2017 年		2018 年		2019 年	
	总量	农户平均	总量	农户平均	总量	农户平均
51～80 马力轮式拖拉机	252 343	0.04	280 640	0.04	378 211	0.05
81～100 马力轮式拖拉机	122 742	0.02	143 085	0.02	189 712	0.03
100 马力以上轮式拖拉机	65 720	0.01	70 821	0.01	87 314	0.01
耕整地机械	2 884 711	0.41	2 945 124	0.41	3 150 688	0.42
种植机械	1 465 372	0.21	1 596 652	0.22	1 600 369	0.21
收获机械	907 305	0.13	1 018 201	0.14	1 086 624	0.14

数据来源：泰国农业与合作社部。

第三节　农机市场与贸易分析

一、国内农机市场

泰国 2018 年国内农机市场容量约为 21.04 亿美元，且每年约以 3% 的速度增长，未来需求会更加旺盛。从泰国四轮拖拉机的年度注册量变化来看（图 1－6），呈现出先降后升的总体趋势，由 2012 年的 6.79 万台变化到了 2021 年的 6.43 万台，2013 年达到区间峰值 7.36 万台。

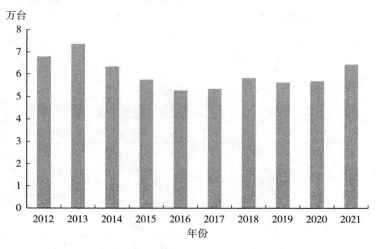

图 1－6　泰国四轮拖拉机年度注册量情况

数据来源：泰国国家统计办公室。

表 1-8 展示了泰国 2009 年的主要农业机械产品生产企业数量分布情况。可以看出，以生产耕整地机械、植保机械、联合收割机和田间管理机械为主。

表 1-8 2009 年泰国农机企业分布情况

企业主营业务	企业数量（个）
两轮拖拉机	275
耕整地机械	329
种植机械	16
植保机械	447
联合收割机	386
其他机械	164
田间管理机械	1 192

数据来源：Thepent（2014）。

表 1-9 展示了泰国主要农业机械的国内生产情况。可以看出，联合收割机产能有了较为明显的提高。

表 1-9 泰国主要农机生产情况

单位：台

农机类型	2001 年	2012 年
四轮拖拉机	—	40 000
两轮拖拉机	80 000	
大型耕整地机械	3 000	
小型耕整地机械	90 000	
脱粒机	2 000	
联合收割机	600	3 000
手动喷雾机	60 000	
灌溉水泵	55 000	

数据来源：BAC（2011），Thepent（2014）。

二、主要农机产品贸易①

从进出口贸易情况来看（表 1 - 10），2020 年泰国主要农机产品整体上处于贸易顺差状态。其中，拖拉机、耕整地机械和收获机械处于贸易顺差状态，种植机械、植保机械和畜禽养殖机械则处于贸易逆差状态。从国际市场占有率来看②，2020 年泰国主要农机产品整体国际市场占有率为 1.59%。其中，拖拉机市场占有率为 1.72%，耕整地机械市场占有率为 1.82%，收获机械市场占有率为 4.57%。从出口产品结构来看，拖拉机是泰国出口贸易额最高的产品，占 2020 年当年泰国主要农机产品总出口额比重高达 51.00%；其次为收获机械，占比为 40.33%。从进口产品贸易结构来看，拖拉机是泰国进口贸易额最高的产品，占 2020 年当年泰国主要农机产品总进口额比重为 46.99%；其次是畜禽养殖机械，占比为 20.48%；植保机械占比也达到了 19.24%；其他各类产品占比均不超过 10%，耕整地机械、种植机械和收获机械占比分别为 1.53%、2.18% 和 9.57%。

表 1 - 10 2020 年泰国主要农机产品进出口贸易情况

单位：千美元

类别	出口额	进口额
拖拉机	341 710.81	133 008.89
耕整地机械	39 538.05	4 341.53
种植机械	1 131.52	6 177.42
植保机械	11 448.91	54 466.58
收获机械	270 174.38	27 084.32
畜禽养殖机械	5 952.63	57 954.77
合计	669 956.31	283 033.53

数据来源：根据 UN Comtrade 数据整理得到。

---

① 本书中贸易分析相关的主要农机产品，范围主要包括拖拉机、耕整地机械、种植机械、植保机械、收获机械和畜禽养殖机械，不包含零部件。其中，拖拉机主要包括单轴拖拉机、履带式拖拉机，以及不同功率段的轮式拖拉机（包含部分牵引车数据）；耕整地机械主要包括犁、圆盘耙、中耕除草及微耕机（包括其他耙、松土机、中耕机、除草机及微耕机）；种植机械主要包括免耕直播机、种植机及移植机、其他播种机、粪肥施肥机以及化肥施肥机；植保机械主要包括便携式农用喷雾器、其他农用喷雾器以及其他植保机械，均含园艺用的相关机械；收获机械主要包括联合收割机、脱粒机、根茎或块茎收获机以及其他收获机械；畜禽养殖机械主要包括挤奶机、动物饲料配制机、家禽孵卵器及育雏器、家禽饲养机械、割草机（不含草坪、公园或运动场地用途）、饲草收获机以及打捆机（包含秸秆捡拾打捆机）。

② 国际市场占有率指某个国家或地区的产品出口额占世界该产品出口额的比重。

三、拖拉机

拖拉机是泰国进出口贸易总额最高的大类农机产品。从拖拉机细分产品进出口贸易情况来看（表1-11），单轴拖拉机和75千瓦及以下轮式拖拉机处于贸易顺差状态，履带式拖拉机和其余各马力段的轮式拖拉机均处于贸易逆差状态。从国际市场占有率来看，单轴拖拉机、18千瓦及以下轮式拖拉机和18至37千瓦轮式拖拉机市场占有率较高。其中，单轴拖拉机市场占有率高达20.06%，位居世界第二；18千瓦及以下轮式拖拉机市场占有率为6.42%，位居世界第四；18至37千瓦轮式拖拉机市场占有率为6.33%，位居世界第五。从出口产品结构来看，占拖拉机出口额比重较高的依次为37至75千瓦轮式拖拉机、18至37千瓦轮式拖拉机、18千瓦及以下轮式拖拉机、单轴拖拉机，占比分别为38.07%、31.61%、16.74%和13.08%；占比最低的为75至130千瓦轮式拖拉机，仅为0.03%。从进口产品结构来看，占拖拉机进口额比重较高的依次为37至75千瓦轮式拖拉机和18至37千瓦轮式拖拉机，占比分别为76.38%和13.58%；占比最低的是单轴拖拉机，仅为0.72%。

表1-11　2020年泰国拖拉机细分产品进出口贸易情况

单位：千美元、%

类别	出口额	进口额	国际市场占有率
单轴拖拉机	44 685.65	964.20	20.06
履带式拖拉机	614.68	3 930.57	0.06
18千瓦及以下轮式拖拉机	57 188.12	1 256.45	6.42
18至37千瓦（含）轮式拖拉机	108 014.93	18 057.98	6.33
37至75千瓦（含）轮式拖拉机	130 105.05	101 598.26	3.02
75至130千瓦（含）轮式拖拉机	118.32	5 095.11	0.00
130千瓦以上轮式拖拉机	984.07	2 106.33	0.02

数据来源：根据 UN Comtrade 数据整理得到。

表1-12展示了2020年泰国主要拖拉机产品的主要出口目标国分布情况。可以看出，37至75千瓦轮式拖拉机出口集中度较高，仅柬埔寨就占到了53.80%，柬埔寨、印度和菲律宾三个国家合计占到了83.44%，排名前十的国家合计占比为99.81%。18至37千瓦轮式拖拉机出口地域分布方面，菲律宾、印度和越南三个国家合计占比达到75.81%，排名前十的国家合计占比达99.91%。18千瓦及以下轮式拖拉机出口集中度更高，印度和美国两个国家合

计占比达到了 84.85%，排名前十的国家合计占比为 99.34%。单轴拖拉机方面，柬埔寨、老挝和缅甸三个国家合计占比达到 92.97%，排名前十的国家合计占比达到 99.18%。综合来看，柬埔寨、印度和菲律宾等是泰国主要拖拉机产品出口的主力市场。

表 1-12　2020 年泰国主要拖拉机产品主要出口目标国分布

单位：%

37 至 75 千瓦（含）轮式拖拉机	占比	18 至 37 千瓦（含）轮式拖拉机	占比	18 千瓦及以下轮式拖拉机	占比	单轴拖拉机	占比
柬埔寨	53.80	菲律宾	35.86	印度	46.06	柬埔寨	48.05
印度	19.99	印度	23.22	美国	38.79	老挝	33.98
菲律宾	9.65	越南	16.73	柬埔寨	9.28	缅甸	10.94
老挝	6.71	柬埔寨	7.84	老挝	1.21	坦桑尼亚	2.21
缅甸	5.17	缅甸	5.43	荷兰	0.89	马里	1.13
越南	1.75	印度尼西亚	4.77	马来西亚	0.81	文莱	1.10
斯里兰卡	0.98	老挝	2.81	日本	0.67	印度	0.52
古巴	0.87	澳大利亚	2.10	加拿大	0.59	科特迪瓦	0.51
印度尼西亚	0.58	古巴	1.06	缅甸	0.53	塞内加尔	0.42
马来西亚	0.31	多米尼加	0.09	菲律宾	0.51	尼日利亚	0.32
合计	99.81		99.91		99.34		99.18

数据来源：根据 UN Comtrade 数据整理得到。

表 1-13 展示了 2020 年泰国主要拖拉机产品的主要进口来源国分布情况。可以看出，37 至 75 千瓦轮式拖拉机进口来源国高度集中，日本和印度两个国家合计占比达到了 92.01%，排名前十的国家总共占比为 99.89%。18 至 37 千瓦轮式拖拉机进口地域分布方面，进口自印度的占比就高达 84.14%，排名前三的国家合计占比为 98.76%。综合来看，日本和印度是泰国主要拖拉机产品进口的主要来源国。

表 1-13　2020 年泰国主要拖拉机产品主要进口来源国分布

单位：%

37 至 75 千瓦（含）轮式拖拉机	占比	18 至 37 千瓦（含）轮式拖拉机	占比
日本	66.97	印度	84.14
印度	25.04	印度尼西亚	7.74

（续）

37 至 75 千瓦（含）轮式拖拉机	占比	18 至 37 千瓦（含）轮式拖拉机	占比
英国	3.34	中国	6.88
丹麦	1.39	日本	0.74
中国	1.28	美国	0.41
印度尼西亚	0.53	韩国	0.06
德国	0.42	其他地区	0.03
墨西哥	0.33		
荷兰	0.33		
美国	0.26		

数据来源：根据 UN Comtrade 数据整理得到。

四、收获机械

收获机械是泰国主要农机产品中进出口总额较高的大类农机产品。从收获细分产品进出口贸易情况来看（表 1－14），联合收割机、脱粒机和根茎或块茎收获机均处于贸易顺差状态，只有其他收获机械处于贸易逆差状态。从国际市场占有率来看，泰国联合收割机市场占有率高达 7.20％，位居世界第四。从出口产品结构来看，占收获机械出口额比重较高的为联合收割机，占比高达 98.62％。从进口产品结构来看，占收获机械进口额比重较高的为其他收获机械，占比高达 83.26％。

表 1－14　2020 年泰国收获机械细分产品进出口贸易情况

单位：千美元

类别	出口额	进口额
联合收割机	266 448.56	3 632.33
脱粒机	1 013.93	883.01
根茎或块茎收获机	1 187.58	18.30
其他收获机械	1 524.30	22 550.68

数据来源：根据 UN Comtrade 数据整理得到。

表 1－15 展示了 2020 年泰国主要收获机械的主要出口目标国分布情况。可以看出，联合收割机出口集中度相对不高，最高的缅甸仅占到了

24.40%，但排名前十的国家合计占比为 98.64%。其他收获机械出口集中度也相对不高，最高的菲律宾仅占到了 24.54%，但排名前十的国家合计占比接近 100%。

表 1-15 2020 年泰国主要收获机械产品主要出口目标国分布

单位：%

联合收割机	占比	其他收获机械	占比
缅甸	24.40	菲律宾	24.54
菲律宾	19.70	柬埔寨	21.25
柬埔寨	18.59	老挝	20.38
印度	15.31	印度尼西亚	12.93
印度尼西亚	8.14	日本	10.23
越南	7.99	缅甸	8.81
斯里兰卡	1.96	哥伦比亚	1.08
哥伦比亚	1.05	越南	0.67
老挝	1.01	澳大利亚	0.07
坦桑尼亚	0.51	马来西亚	0.03

数据来源：根据 UN Comtrade 数据整理得到。

表 1-16 展示了 2020 年泰国主要收获机械的主要进口来源国分布情况。可以看出，联合收割机进口集中度相对较高，中国、日本和巴西占比分别为40.31%、20.97% 和 13.83%。其他收获机械进口集中度更高，最高的巴西占比达到了 71.41%，美国也占到 11.18%。

表 1-16 2020 年泰国主要收获机械产品主要进口来源国分布

单位：%

联合收割机	占比	其他收获机械	占比
中国	40.31	巴西	71.41
日本	20.97	美国	11.18
巴西	13.83	中国	6.36
奥地利	8.19	英国	2.73
加拿大	4.63	印度	1.85
美国	4.43	土耳其	1.51

（续）

联合收割机	占比	其他收获机械	占比
亚洲其他地区	1.76	马来西亚	1.50
柬埔寨	1.75	日本	0.97
其他地区	1.32	德国	0.81
法国	1.25	澳大利亚	0.78

数据来源：根据 UN Comtrade 数据整理得到。

小　结

（1）泰国是东南亚国家中农业基础最好的国家，主要以种植水稻、天然橡胶、甘蔗、木薯、玉米和棕榈果，以及养猪、牛和鸡为主；农业发展迅速，农户经营规模稳中有降。

水稻、天然橡胶、甘蔗、木薯、玉米和棕榈果是泰国主要种植的农作物。收获面积方面，2020 年水稻和天然橡胶收获面积分别位居世界第五和第二，甘蔗和木薯均位居世界第三；另外，其他热带水果、四季豆和椰子收获面积分别位居世界第二、第三和第九。作物产量方面，2020 年天然橡胶产量位居世界第一，木薯和棕榈果产量均位居世界第三，其他热带水果、甘蔗、水稻、菠萝分别位居世界第四、第五、第六和第七，杜果、山竹、番石榴产量位居世界第八。猪、牛和鸡鸭为泰国主要养殖的畜禽种类，2020 年末鸭存栏量位居世界第九。泰国农业发展迅速，近年来农业增加值波动上升，占东南亚农业增加值的比例基本稳定，占全国 GDP 比例也持续下降并稳定在 10％左右。农场数量持续增加，农场平均经营规模有所下降。

（2）泰国是东南亚地区农业机械化起步最早、发展水平最高的国家之一，第一产业从业人数占全社会从业人数比例波动下降，各类农机保有量持续增长。

泰国是东南亚地区农业机械化起步最早、发展水平最高的国家之一，水稻生产机械化在所有作物中处于最高水平；近年来农业劳动力短缺成为制约泰国农业生产的关键性问题，泰国对农业机械的需求将呈不断上升趋势。第一产业从业人数占全社会从业人数的比例呈波动下降趋势，从 2016 年开始基本稳定在略高于 30％的水平，一定程度上表明泰国农业机械化还有较大的发展潜力。

另外，2017 年至 2019 年，泰国的各类农业机械保有量均呈持续上升趋势，50 马力以下拖拉机是广泛应用的主力机型。

（3）泰国是东南亚地区的农机贸易大国，主要农机产品的进出口集中度均较高。

泰国 2018 年国内农机市场容量约为 21.04 亿美元，未来需求会更加旺盛。泰国主要农机产品整体上处于贸易顺差状态，单轴拖拉机、18 千瓦及以下轮式拖拉机和 18 至 37 千瓦轮式拖拉机国际市场占有率分别位居世界第二、第四和第五。泰国主要进出口农机产品为拖拉机和收获机械。出口方面，细分产品以 37 至 75 千瓦轮式拖拉机、18 至 37 千瓦轮式拖拉机、18 千瓦及以下轮式拖拉机、单轴拖拉机、联合收割机和其他收获机械为主；出口集中度一般较高，排名前十的国家占比基本均超过 90%；柬埔寨、印度和菲律宾等是主要细分产品出口的主力市场。进口方面，以 37 至 75 千瓦轮式拖拉机、18 至 37 千瓦轮式拖拉机、联合收割机和其他收获机械为主；进口集中度非常高，尤其是单一国家或少数国家占比极高，进口来源国别相对而言比较分散，日本和印度是相对主要的来源国。

第二章 缅 甸

缅甸位于中南半岛西部。东北与中国毗邻，西北与印度、孟加拉国相接，东南与老挝、泰国交界，西南濒临孟加拉湾和安达曼海。缅甸人口约为 5 458 万，国土面积约为 67.7 万平方千米，其中可耕地面积约 1 800 万公顷。

第一节 农业发展情况

一、农业生产概况

缅甸是东南亚大陆面积最大的国家，耕地资源丰富，气候适宜，十分适合粮食和经济作物生长。作为一个农业大国，缅甸是世界最不发达国家之一，整体农业生产相当落后，农业基本没有政府补贴；目前农业机械化程很低，农机产品有很大的市场潜力。

从农作物的收获面积情况来看（表 2-1），缅甸常年收获面积基本在百万公顷以上的作物主要有水稻、干豆、芝麻和花生，且水稻和干豆稳居缅甸农作物收获面积前两位，常年种植面积在 300 万公顷以上。其中，2020 年缅甸水稻收获面积达到了 665.58 万公顷，位居世界第七，约占世界总收获面积的 4.05%、占东南亚总收获面积的 15.11%；干豆收获面积达到了 334.91 万公顷，位居世界第二，约占世界总收获面积的 9.62%、占东南亚总收获面积的 85.52%；芝麻收获面积达到了 150.00 万公顷，位居世界第三，约占世界总收获面积的 10.74%、占东南亚总收获面积的 92.19%；花生收获面积达到了 113.24 万公顷，位居世界第六，约占世界总收获面积的 3.59%、占东南亚总收获面积的 65.78%。另外，木豆收获面积达到了 43.29 万公顷，位居世界第二，约占世界总收获面积的 7.10%、占东南亚总收获面积的 99.90%；鹰嘴豆收获面积达到了 37.15 万公顷，位居世界第五，约占世界总收获面积的 37.15%，是东南亚地区唯一种植国；水果收获面积达到了 37.12 万公顷，位居世界第三，约占世界总收获面积的 7.27%、占东南亚总收获面积的 37.09%；天然橡胶收获面积达到了 32.40 万公顷，位居世界第九，约占世界总收获面积的 2.53%、占东南亚总收获面积的 3.35%；蔬菜收获面积达到了 27.23 万公顷，位居世界第八，约占世界总收获面积的 1.33%、占东南亚总收获面积的 12.23%。

表 2-1　缅甸历年主要农作物收获面积

单位：万公顷

类别	2016 年	2017 年	2018 年	2019 年	2020 年
水稻	672.40	694.60	714.93	692.09	665.58
干豆	329.36	307.70	291.76	324.79	334.91
芝麻	149.52	147.82	149.18	150.52	150.00
花生	98.92	103.40	105.75	110.87	113.24
玉米	48.81	50.06	51.92	51.57	52.76
木豆	66.82	65.81	44.45	44.18	43.29
鹰嘴豆	36.39	37.56	38.26	37.96	37.15
水果	36.75	37.02	37.31	37.03	37.12
天然橡胶	29.30	31.13	32.97	33.81	32.40
蔬菜	27.64	27.03	27.34	27.34	27.23

数据来源：联合国粮农组织。

从农作物的产量情况来看（表 2-2），缅甸年产量基本稳定在百万吨以上的作物主要是水稻、甘蔗、蔬菜、干豆、玉米、花生、大蕉、水果和洋葱，水稻、甘蔗、蔬菜和干豆是总产量最高的农作物且稳居前四。其中，2020 年水稻产量达到 2 510.00 万吨，位居世界第七，约占世界总产量的 3.32%、占东南亚总产量的 13.28%；蔬菜产量达到 355.04 万吨，位居世界第七，约占世界总产量的 1.20%、占东南亚总产量的 12.38%；干豆产量达到 305.30 万吨，位居世界第二，约占世界总产量的 11.08%、占东南亚总产量的 83.70%；花生产量达到 164.71 万吨，位居世界第七，约占世界总产量的 3.07%、占东南亚总产量的 53.86%；大蕉产量达到 136.14 万吨，位居世界第九，约占世界总产量的 3.16%、占东南亚总产量的 30.51%；水果产量达到 135.42 万吨，位居世界第六，约占世界总产量的 3.55%、占东南亚总产量的 18.92%。

缅甸畜牧业主要以养猪、牛、羊和鸡鸭为主。从主要畜禽存栏量可以看出（表 2-3），常年存栏量超过百万的畜禽主要是这几类。其中，2020 年末缅甸生猪存栏量达到 1 919.26 万头，位居世界第八，约占世界总存栏量的 2.01%、占东南亚总存栏量的 24.25%；水牛存栏量为 412.51 万头，位居世界第五，约占世界总存栏量的 2.03%、占东南亚总存栏量的 30.48%；鸡存栏量为

3.49 亿只，约占世界总存栏量的 1.08%、占东南亚总存栏量的 6.75%；鸭存栏量为 3 185.30 万只，位居世界第六，约占世界总存栏量的 2.77%、占东南亚总存栏量的 14.16%。

表 2-2　缅甸历年主要农作物产量

单位：万吨

类别	2016 年	2017 年	2018 年	2019 年	2020 年
水稻	2 567.28	2 654.64	2 757.36	2 626.98	2 510.00
甘蔗	1 043.71	1 037.00	1 139.72	1 184.62	1 188.65
蔬菜	350.92	354.55	356.56	354.01	355.04
干豆	315.73	286.18	272.11	303.00	305.30
玉米	183.06	190.93	198.41	198.58	204.10
花生	157.24	158.27	156.24	161.57	164.71
大蕉	110.81	117.85	139.16	134.06	136.14
水果	133.74	134.99	136.26	135.00	135.42
洋葱	112.31	100.70	101.42	103.29	105.89
芝麻	81.30	76.43	71.54	74.45	74.00

数据来源：联合国粮农组织。

表 2-3　缅甸历年主要畜禽存栏量

单位：万头、万只

类别	2016 年	2017 年	2018 年	2019 年	2020 年
生猪	1 652.43	1 927.34	1 977.90	2 083.54	1 919.26
黄牛	1 657.09	1 764.56	1 786.00	1 831.11	1 888.58
山羊	728.92	844.77	971.67	1 094.98	1 034.13
水牛	364.11	386.80	392.60	402.24	412.51
绵羊	149.65	131.43	133.43	138.17	159.38
鸡	29 626.70	34 917.10	36 124.30	33 556.00	34 865.80
鸭	2 363.60	2 738.90	2 840.70	3 018.80	3 185.30

数据来源：联合国粮农组织。

从主要畜禽产品的产量来看（表 2-4），产量比较高的也是与猪、牛和鸡相关的产品。其中，2020 年缅甸牛奶产量为 223.33 万吨，约占东南亚总产量的 40.44%；鸡肉产量为 150.00 万吨，约占东南亚总产量的 13.35%；猪肉产量为 112.71 万吨，约占东南亚总产量的 14.52%；其他禽蛋产量为 100.00 万吨，位居世界第七，约占世界总产量的 0.94%、占东南亚总产量的 6.76%；鸡蛋产量为 57.05 万吨，约占东南亚总产量的 6.87%；牛肉产量为 45.63 万吨，约占东南亚总产量的 26.76%。

表 2-4　缅甸历年主要畜禽产品产量

单位：万吨

类别	2016 年	2017 年	2018 年	2019 年	2020 年
牛奶	220.29	220.00	220.00	230.00	223.33
鸡肉	152.07	158.08	152.41	145.83	150.00
猪肉	87.40	90.70	118.38	109.27	112.71
鸡蛋	54.22	55.54	57.60	58.00	57.05
其他禽蛋	102.29	107.40	100.00	100.00	100.00
牛肉	40.21	39.60	39.95	42.98	45.63

数据来源：联合国粮农组织。

二、农业发展水平

从缅甸农业增加值的变化来看（图 2-1），1970 年至 2020 年间总体上呈现出波动上升的总趋势，由 1970 年的 8.63 亿美元增长到了 2020 年的 167.72 亿美元，在 2012 年时达到 194.81 亿美元的峰值，之后出现波动回落的态势，直到 2020 年才开始再次回升。

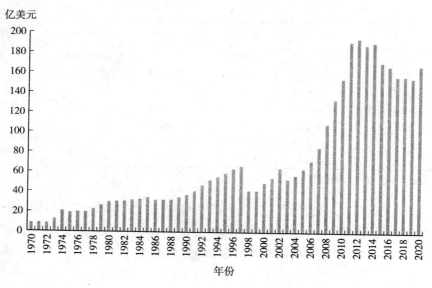

图 2-1　缅甸历年农业增加值变化情况

数据来源：联合国粮农组织。

　　缅甸农业增加值占东南亚农业增加值的比例长期保持基本稳定的总体趋势（图 2-2），整体在 5%~9%，在 1974 年达到峰值也仅有 8.93%，2009 年以后基本稳定在接近 7% 的水平。缅甸农业增加值占全国 GDP 的变化则呈现出明显的先快速上升再持续下降的趋势，1994 年达到峰值为 63.03%，尽管之后开始几乎直线下降，但 2020 年为 23.86% 依然较高。

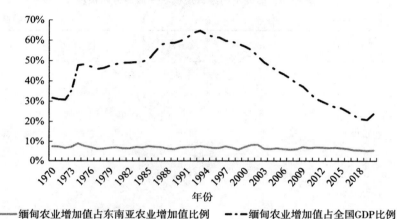

図 2-2　历年缅甸农业增加值占东南亚农业增加值和全国 GDP 比例情况

数据来源：根据联合国粮农组织数据计算得到。

三、农业经营规模

　　从农场的数量和经营规模来看（表 2-5），近年来缅甸农户数量和经营规模基本稳定。其中，农场数量基本稳定在 720 万个，平均经营规模基本稳定在 5 英亩*左右。

表 2-5　缅甸农场数量和规模情况

类别	2016/2017	2017/2018	2018/2019	2019/2020
数量（百万个）	7.23	7.21	7.21	7.19
总土地规模（百万英亩）	33.05	33.10	33.04	33.03
平均经营规模（英亩）	4.57	4.59	4.58	4.59

数据来源：缅甸历年农业统计。

---

* 英亩为英美制面积单位，1 英亩＝0.004 047 平方千米。

从农户经营规模来看（表2-6），我们可以发现缅甸以小农户居多，经营规模在5英亩以下的稳定在500万个左右，占农户总数的70%左右；其中，经营规模在1.23英亩以下的2016—2018年稳定在200万个左右，占农户总数的28%左右。

表2-6 缅甸不同经营规模农户数量分布情况

单位：百万户

经营规模	2016/2017	2017/2018	2018/2019	2019/2020
1.23英亩以下	2.00	1.94	—	—
1.23～2.47英亩	1.51	1.60	—	—
2.47英亩以上	3.72	3.66	—	—
5英亩以下	—	—	5.07	5.05
5～10英亩	—	—	1.46	1.46
10～20英亩	—	—	0.53	0.53
20～50英亩	—	—	0.13	0.13
50～100英亩	—	—	0.008	0.008
100英亩以上	—	—	0.004	0.004

数据来源：缅甸历年农业统计，不同农业年采用不同分类标准。

第二节　农机化发展分析

一、农机化发展历程

缅甸历来把农业机械化视为提高生产率的关键，政府一直在有计划地向各省提供农机具。20世纪50年代实施推广了使用拖拉机计划，60年代又设立了国营拖拉机站，按优惠租价为农民提供服务。但是，由于耕地分散，大型四轮拖拉机在三角洲水田使用率低，以及培训不足、使用技术不过关、零件短缺等原因，拖拉机站经营毫无起色，多数农田仍然使用人畜力耕作。1978年起，缅甸农业银行为农业种植、购买耕牛、手扶拖拉机、抽水机和预购工业原料作物等项目年均发放贷款10亿缅元，1996年还专门成立缅甸工业发展银行，鼓励生产、购买和使用农机具。缅甸对小型农机具也非常关注，但是由于价格高、缺乏技术培训，未能得到广泛推广，拖拉机更是价格昂贵。为了推动农业发展，缅甸正采取措施加速农业机械化进程，计划逐步提高农机化水平。近年来，随着不断进口和生产农机具，缅甸农业机械化作业程度逐年增加，引进插秧机、脱粒机和烘干机等更是为降低农业劳动强度走出了重要一步。但是，总体来看目前缅甸农业机械化发展水平还不高，主要作业机械以手扶拖拉机、动力耕耘机、割晒机、脱粒机等小型机械为主，未来还有很大的发展潜力。

从第一产业从业人数占全社会从业人数的比例变化情况来看（图 2-3），可以看出 1991 年时缅甸第一产业从业人数占全社会从业人数的比例就高达 70.10%，之后一直呈持续下降趋势，2002 年开始一直未超过 60%，2018 年开始下降到 50% 以下，2019 年为 48.90%，但占比依然较高。

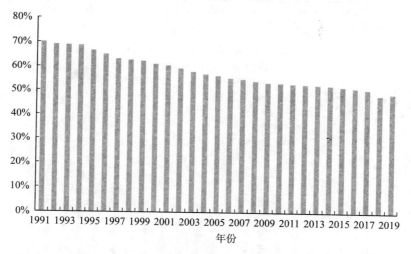

图 2-3　缅甸历年第一产业从业人数占全社会从业人数比例情况

数据来源：联合国粮农组织。

二、主要农机产品保有量

从缅甸农用拖拉机保有量来看（图 2-4），自 2002 年开始呈持续上升趋势，由 2002 年的 5.98 万台增长到了 2009 年的 16.05 万台，增幅较大。从联合收割脱粒机保有量来看（图 2-5），整体呈波动增长趋势，由 1961 年的仅 1 000 台增长到了 2009 年的 2.44 万台。其中，前期增长较为缓慢，直到 2004 年开始才超过 1 万台。

从缅甸主要农机利用率情况来看（表 2-7），近年来各类机械作业量均增长迅速。其中，作业四轮拖拉机由 2006/2007 年度的 9 614 台增长到了 2019/2020 年度的 38 600 台，增长了 3 倍多；作业机动耕耘机由 2006/2007 年度的

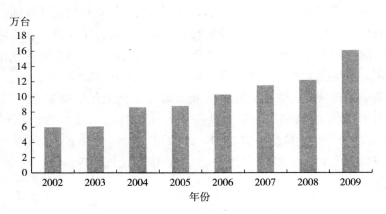

图 2-4　缅甸农用拖拉机保有量

数据来源：联合国粮农组织。

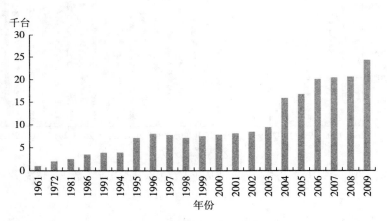

图 2-5　缅甸联合收割脱粒机保有量变化情况

数据来源：联合国粮农组织。

11 万台增长到了 2019/2020 年度的近 52 万台，增幅也达到了近 3.7 倍；作业联合收割机则由 2010/2011 年度的仅仅 20 台迅速增长到了 2019/2020 年度的近万台；作业机动脱粒机由 2006/2007 年度的不到 1.6 万台增长到了 2019/2020 年度的 8 万多台，增幅达到 4.17 倍；作业电动耕耘机增长尤为迅速，由 2006/2007 年度的仅仅 531 台增长到了 2019/2020 年度的 1.27 万台；作业机动收割机增长异常迅速，由 2007/2008 年度的仅仅 153 台增长到了 2019/2020 年度的 2 723 台。由此，也可以看出缅甸近年农业机械化具有较快的发展速度。

表 2-7　缅甸主要农机利用率情况

单位：台

年度	四轮拖拉机	机动耕耘机	联合收割机	机动脱粒机	电动耕耘机	机动收割机
2006/2007	9 614	110 530	—	15 560	531	—
2007/2008	11 086	110 024	—	18 692	664	153
2008/2009	11 378	137 217	—	20 671	865	287
2009/2010	11 229	145 548	—	24 560	1 981	1 208
2010/2011	11 789	173 132	20	25 980	2 250	1 501
2011/2012	11 804	206 263	220	41 289	4 522	1 569
2012/2013	12 376	227 489	318	48 520	5 008	1 939
2013/2014	13 219	257 971	704	55 104	5 401	2 116
2014/2015	15 945	286 097	1 769	61 793	6 065	2 513
2015/2016	20 371	300 247	2 103	61 997	7 467	2 551
2016/2017	28 169	467 872	5 305	80 667	13 319	2 253
2017/2018	32 640	487 546	6 474	81 741	13 229	2 356
2018/2019	35 915	509 990	8 270	79 608	12 685	2 155
2019/2020	38 600	518 746	9 554	80 514	12 697	2 723

数据来源：缅甸历年农业统计。

第三节　农机市场与贸易分析

一、国内农机市场

从国内生产方面来看，缅甸工业基础较为薄弱，目前主要生产动力耕耘机和脱粒机等农机产品。从动力耕耘机产量变化来看（图 2-6），近年来呈波动下降趋势，且下降趋势非常明显，由 2006/2007 年度的年产 5 975 台下降到了 2019/2020 年度的 2 000 台，其中 2013/2014 年度、2014/2015 年度、2016/2017 年度这三个生产年度产量分别仅有 310、77、516 台。脱粒机产量下降趋势也非常明显（图 2-7），2011/2012 年度达到了最高产量 1 120 台，但其他多数年度产量不足百台。

从缅甸主要农机产品的销量或分配量来看（表 2-8），各类产品变化趋势也不尽相同。其中，四轮拖拉机、脱粒机和水稻收割机均出现了先升后降的整体趋势。机动耕耘机总量最高，呈波动变化趋势；烘干机总量最少，每年仅有不足 20 台。

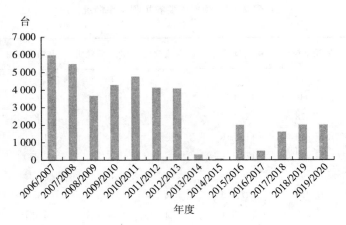

图 2-6 缅甸历年动力耕耘机产量变化情况

数据来源：缅甸历年农业统计。

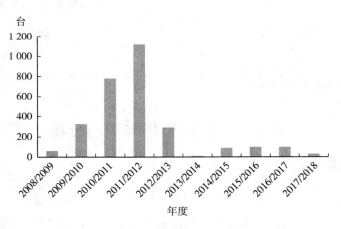

图 2-7 缅甸历年脱粒机产量变化情况

数据来源：缅甸历年农业统计。

表 2-8 缅甸主要农机销量或分配量情况

单位：台

年度	四轮拖拉机	机动耕耘机	脱粒机	水稻收割机	烘干机
2006/2007	—	6 643	—	—	—
2007/2008	—	4 610	—	82	—
2008/2009	—	4 367	—	42	—
2009/2010	—	4 144	357	224	—

（续）

年度	四轮拖拉机	机动耕耘机	脱粒机	水稻收割机	烘干机
2010/2011	—	3 515	733	148	—
2011/2012	1 947	5 089	757	73	12
2012/2013	1 809	4 819	614	28	14
2013/2014	1 782	6 111	341	9	19
2014/2015	2 121	5 222	134	—	13
2015/2016	2 311	9 074	75	—	2
2016/2017	2 416	8 134	91	1	6
2017/2018	2 150	8 047	31	—	—
2018/2019	1 441	6 722	25	—	—
2019/2020	1 405	5 711	8	62	—

数据来源：缅甸历年农业统计。

二、主要农机产品

从进出口贸易情况来看（表 2 - 9），2020 年缅甸主要农机产品整体处于贸易逆差状态。从出口产品贸易结构来看，畜禽养殖机械是缅甸出口贸易额最高的产品，占比高达 98.12%。从进口产品贸易结构来看，拖拉机是缅甸进口贸易额最高的产品，占 2020 年当年缅甸主要农机产品总进口额比重为 55.24%；其次为收获机械，占比为 30.04%；其他各类产品占比均不超过 10%，耕整地机械、种植机械、植保机械和畜禽养殖机械占比分别为 6.66%、0.44%、2.53% 和 5.09%。

表 2 - 9 2020 年缅甸主要农机产品进口贸易情况

单位：千美元

类别	出口额	进口额
拖拉机	60.00	137 372.48
耕整地机械	0	16 567.71
种植机械	0	1 103.94
植保机械	0	6 293.50
收获机械	0	74 701.97
畜禽养殖机械	3 138.56	12 653.88
合计	3 198.56	248 693.48

数据来源：根据 UN Comtrade 数据整理得到。

三、拖拉机

拖拉机是缅甸进口额最高的大类农机产品。从拖拉机细分产品进口贸易情况来看（表2-10），单轴拖拉机、37至75千瓦轮式拖拉机和18千瓦及以下轮式拖拉机占比较高，分比为54.59％、15.97％和12.57％，其他占比均在10％以下，履带式拖拉机占比最低，为0.65％。

表 2 - 10　2020 年缅甸拖拉机细分产品进出口贸易情况

单位：千美元

类别	进口额
单轴拖拉机	74 995.81
履带式拖拉机	888.97
18 千瓦及以下轮式拖拉机	17 267.07
18 至 37 千瓦（含）轮式拖拉机	7 638.50
37 至 75 千瓦（含）轮式拖拉机	21 938.11
75 至 130 千瓦（含）轮式拖拉机	2 556.15
130 千瓦以上轮式拖拉机	12 087.88

数据来源：根据 UN Comtrade 数据整理得到。

表 2-11 展示了 2020 年缅甸主要拖拉机产品的主要进口来源国分布情况。可以看出，单轴拖拉机进口来源国高度集中，来自中国的占比就高达94.61％。18 千瓦及以下轮式拖拉机进口地域分布方面，没有出现一个国家占比过高的情况，前两位的印度和泰国分别占比为 36.70％和 35.21％。37 至 75千瓦轮式拖拉机进口集中度也非常高，其中印度和中国占比分别为 61.00％和 23.30％。

表 2-11　2020 年缅甸主要拖拉机产品进口来源国分布

单位：％

单轴拖拉机	占比	18 千瓦及以下轮式拖拉机	占比	37 至 75 千瓦（含）轮式拖拉机	占比
中国	94.61	印度	36.70	印度	61.00
泰国	4.52	泰国	35.21	中国	23.30
印度	0.79	中国	19.91	土耳其	4.68
日本	0.09	新加坡	8.18	印度尼西亚	3.57

（续）

单轴拖拉机	占比	18 千瓦及以下 轮式拖拉机	占比	37 至 75 千瓦（含） 轮式拖拉机	占比
越南	0.00			墨西哥	3.10
				泰国	2.41
				韩国	1.05
				日本	0.88

数据来源：根据 UN Comtrade 数据整理得到。

四、收获机械

收获机械是缅甸进出口额较高的大类农机产品。从收获机械细分产品进口贸易情况来看（表 2－12），联合收割机和其他收获机械进口占比较高，分别为 98.24％和 3.79％。

表 2－12　2020 年缅甸收获机械细分产品进口贸易情况

单位：千美元

类别	进口额
联合收割机	73 384.58
脱粒机	66.20
根茎或块茎收获机	76.90
其他收获机械	1 174.28

数据来源：根据 UN Comtrade 数据整理得到。

表 2－13 展示了 2020 年缅甸主要收获机械产品的主要进口来源国分布情况。可以看出，联合收割机进口来源国高度集中，泰国和中国占比分别为 73.59％和 24.97％。其他收获机械进口地域分布也非常集中，进口自中国和印度的占比分别为 77.41％和 12.65％。可见，泰国和中国是缅甸主要收获机械产品的主要进口来源国。

表 2－13　2020 年缅甸主要收获机械产品主要进口来源国分布

单位:％

联合收割机	占比	其他收获机械	占比
泰国	73.59	中国	77.41
中国	24.97	印度	12.65

（续）

联合收割机	占比	其他收获机械	占比
印度	0.91	越南	5.79
日本	0.53	土耳其	2.40
韩国	0.00	波兰	1.63
		泰国	0.11

数据来源：根据 UN Comtrade 数据整理得到。

小　结

（1）缅甸是世界最不发达国家之一，主要以种植水稻、干豆、芝麻和花生，以及养猪、牛、羊和鸡鸭为主；整体农业生产相当落后，农户经营规模基本稳定。

水稻、干豆、芝麻和花生是缅甸种植的主要农作物。收获面积方面，2020年干豆、芝麻、花生和水稻收获面积分别位居世界第二、第三、第六和第七；另外，木豆、水果、鹰嘴豆、蔬菜和天然橡胶收获面积分别位居世界第二、第三、第五、第八和第九。作物产量方面，2020年干豆、水果、大蕉产量分别位居世界第二、第六和第九，水稻、蔬菜、花生产量均位居世界第七。猪、牛、羊和鸡鸭为缅甸主要养殖的畜禽种类，2020年水牛、鸭和生猪存栏量分别位居世界第五、第六和第八，其他禽蛋产量位居世界第七。缅甸农业发展水平落后，近年来农业增加值波动上升，占东南亚农业增加值的比例基本稳定，占全国GDP比例波动下降并稳定在20％左右。农户数量和平均经营规模基本稳定。

（2）缅甸农业机械化发展水平不高，第一产业从业人数占全社会从业人数比例波动下降，主要农机产品保有量持续增长。

缅甸农业机械化发展水平不高，未来还有很大的发展潜力。第一产业从业人数占全社会从业人数的比例呈持续下降趋势，目前在50％左右，占比依然较高。另外，联合收割脱粒机保有量呈持续上升趋势，各类机械作业量也均增长迅速。

（3）缅甸工业基础薄弱，主要农机产品以进口为主，进出口集中度均较高。

缅甸工业基础薄弱，机动耕耘机、脱粒机等产量不高，主要农机产品销量或分配量表现不一。贸易方面主要进口拖拉机和收获机械,细分产品以单轴拖拉机、18 千瓦及以下轮式拖拉机、37 至 75 千瓦轮式拖拉机、联合收割机和其他收获机械为主;进口集中度非常高,尤其是单一国家或少数国家占比极高,中国、泰国和印度是主要的来源国。

第三章 马来西亚

马来西亚国土被南中国海分隔成东、西两部分。西部（简称：西马）位于马来半岛南部，北与泰国接壤，南与新加坡隔柔佛海峡相望，东临南中国海，西濒马六甲海峡。东部（简称：东马）位于加里曼丹岛北部，与印度尼西亚、菲律宾、文莱相邻。马来西亚人口约为 3 270 万，国土面积约为 33 万平方千米，其中耕地面积约为 485 万公顷。

第一节 农业发展情况

一、农业生产概况

农业是马来西亚的传统经济部门，20 世纪 70 年代前，马来西亚经济以农业为主，依赖初级产品出口。随着不断调整产业结构，大力推行出口导向型经济，农业在马来西亚国民经济中的比重逐年下降。马来西亚农业以经济作物为主，主要粮食作物不能自给自足，每年需要进口以满足国内的生活需要；马来西亚气候条件十分适宜水果生产，且遗传多样性十分丰富。另外，马来西亚还是世界上花卉多样性最为丰富的地区之一，花卉出口排名全球前 10 位。作为沿海国家，马来西亚政府十分重视渔业发展，采取了多项措施，发展深海捕捞和养殖业，但鱼类和海产品进口数量仍然较多。

从农作物的收获面积情况来看（表 3-1），马来西亚以种植棕榈、天然橡胶、水稻和油籽等为主，几类作物收获面积近年来总体上较为稳定，且棕榈和天然橡胶稳居马来西亚农作物收获面积前两位，常年种植面积均在百万公顷以上。其中，2020 年马来西亚棕榈收获面积为 523.17 万公顷，位居世界第二，约占世界总收获面积的 18.21%、占东南亚总收获面积的 24.61%；天然橡胶收获面积为 110.69 万公顷，位居世界第三，约占世界总收获面积的 8.65%、占东南亚总收获面积的 11.45%；油籽收获面积为 16.14 万公顷，位居世界第三，约占世界总收获面积的 9.38%、占东南亚总收获面积的 90.62%。

表3-1 马来西亚历年主要农作物收获面积

单位：万公顷

类别	2016 年	2017 年	2018 年	2019 年	2020 年
棕榈	500.14	511.07	518.93	521.68	523.17
天然橡胶	107.80	108.17	108.30	111.31	110.69
水稻	68.88	68.55	70.00	67.21	64.55
油籽	15.74	15.94	15.92	16.03	16.14
椰子	7.52	7.40	7.51	7.68	7.45
蔬菜	2.88	2.89	2.87	2.88	2.88

数据来源：联合国粮农组织。

从农作物的产量情况来看（表3-2），基本稳定在前十位的作物是棕榈、水稻、椰子、蔬菜、天然橡胶、香蕉、菠萝、油籽、番茄和西瓜，棕榈和水稻是总产量稳居前两位的农作物。其中，2020年棕榈果产量达到9 696.93万吨，位居世界第二，约占世界总产量的23.17%、占东南亚总产量的26.21%；椰子产量为56.10万吨，位居世界第十，约占世界总产量的0.91%、占东南亚总产量的1.60%；天然橡胶产量为51.47万吨，位居世界第七，约占世界总产量的3.47%、占东南亚总产量的4.68%；油籽产量为19.25万吨，位居世界第四，约占世界总产量的8.35%、占东南亚总产量的94.09%。

表3-2 马来西亚历年主要农作物产量

单位：万吨

类别	2016 年	2017 年	2018 年	2019 年	2020 年
棕榈	8 632.53	10 174.09	9 841.94	9 906.54	9 696.93
水稻	273.96	257.05	263.92	235.29	232.16
椰子	50.48	51.76	49.55	53.66	56.10
蔬菜	54.52	55.64	56.01	55.39	55.68
天然橡胶	67.35	74.01	60.33	63.98	51.47
香蕉	30.95	35.05	33.10	32.54	31.30
菠萝	39.17	34.07	32.25	31.46	28.98
油籽	19.55	19.13	19.94	19.32	19.25
番茄	24.29	18.82	19.28	17.65	19.21
西瓜	11.14	17.23	15.03	14.41	13.42

数据来源：联合国粮农组织。

马来西亚畜牧业主要以养猪和鸡为主。从主要畜禽存栏量可以明显看出

（表3-3），生猪和鸡是存栏量较高的畜禽种类。其中，2020 年末马来西亚生猪存栏量达到 187.60 万头，约占东南亚总存栏量的 2.37%；牛存栏量达到 65.93 万头，约占东南亚总存栏量的 1.18%；鸡存栏量达到 3.49 亿只，约占东南亚总存栏量的 5.73%。

表3-3　马来西亚历年主要畜禽存栏量

单位：万头、万只

类别	2016 年	2017 年	2018 年	2019 年	2020 年
生猪	165.44	184.94	196.75	188.85	187.60
牛	73.78	70.38	67.67	65.74	65.93
山羊	41.65	38.53	35.92	37.17	31.26
绵羊	13.85	13.07	12.83	12.17	12.12
鸡	29 626.70	34 917.10	36 124.30	33 556.00	34 865.80

数据来源：联合国粮农组织。

从主要畜禽产品的产量来看（表3-4），产量比较高的是与猪和鸡相关的产品。其中，2020 年马来西亚鸡肉产量为 153.20 万吨，约占东南亚总产量的 13.63%；鸡蛋产量为 80.69 万吨，约占东南亚总产量的 9.72%；猪肉产量为 22.13 万吨，约占东南亚总产量的 2.85%。

表3-4　马来西亚历年主要畜禽产品产量

单位：万吨

类别	2016 年	2017 年	2018 年	2019 年	2020 年
鸡肉	167.62	159.83	158.75	158.91	153.20
鸡蛋	82.07	84.52	80.48	65.45	80.69
猪肉	19.52	21.82	22.39	22.28	22.13

数据来源：联合国粮农组织。

二、农业发展水平

从马来西亚农业增加值的变化来看（图3-1），1970 年至 2020 年间总体上呈现出波动上升的总趋势，且波动性较为明显。由 1970 年的 11.13 亿美元增长到了 2020 年的 276.27 亿美元，在 2011 年时达到 341.25 亿美元的峰值，2015 年陡降至 249.75 亿美元，之后才开始小幅波动性回升。

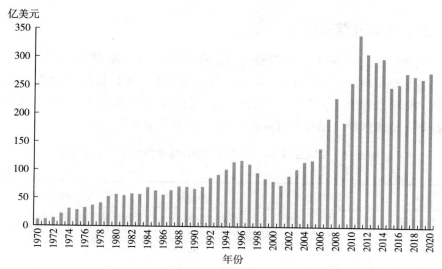

图 3-1　马来西亚历年农业增加值变化情况

数据来源：联合国粮农组织。

马来西亚农业增加值占东南亚农业增加值的比例呈先升后降的总体趋势（图3-2），波动幅度不大，在1998年达到峰值时也仅有15.43%，2015年以后稳定在10%以下，2020年为8.65%。马来西亚农业增加值占全国GDP的变化则呈现出持续下降的明显趋势，峰值为1974的32.47%，大约从1983年之后开始基本在20%以下，2000年之后基本在10%以下，2020年为8.21%。

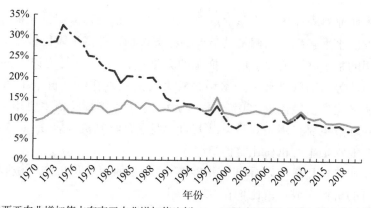

——马来西亚农业增加值占东南亚农业增加值比例　－·－马来西亚农业增加值占全国GDP比例

图 3-2　历年马来西亚农业增加值占东南亚农业增加值和全国 GDP 比例情况

数据来源：根据联合国粮农组织数据计算得到。

三、农业经营规模

马来西亚 2005 年农户数量约为 52.63 万户，经营面积为 53.39 万公顷，平均经营规模约为 1.01 公顷。从 2005 年马来西亚主要作物的种植农户数量和种植面积可以看出（表 3 - 5），无论在农户数量还是种植面积方面，水稻都是排在第一位的作物，而且种植面积达到了 20 万公顷以上。

表 3 - 5　马来西亚 2005 年主要作物种植农户数量和种植面积

单位：户、公顷

序号	作物名称	农户数量	种植面积
1	水稻	154 538	204 522
2	橡胶	84 899	146 251
3	榴莲	36 360	6 847
4	红毛丹	26 379	2 756
5	棕榈	26 294	75 756
6	黑胡椒	17 667	12 427
7	香蕉	12 528	4 203
8	椰子	11 050	20 496

数据来源：马来西亚 2005 年农业普查。

第二节　农机化发展分析

马来西亚对农业机械化非常重视，国家投入很大，棕榈、水稻等重点作物机械化发展水平较高。棕榈是其最大的经济作物，棕榈果园机械化运输等环节一般应用的是 100 马力以上的带拖车的大型拖拉机，30 马力以下的拖拉机主要用于施药等田间管理环节。水稻是其最大的粮食作物，自给率约 65%，水稻生产机械化率已经接近 100%，80 马力以上的大型拖拉机主要用于耕整地作业，收获环节主要采用 100 马力以上的大型联合收割机。表 3 - 6 展示了 2010 年马来西亚水稻生产机械化整体情况。

从作业机械数量可以看出（表 3 - 7），马来西亚水稻生产机械服务主要由农户拥有的机械完成，占比均在 92% 以上。

随着马来西亚逐渐由农业国向工业化国家转型，马来西亚农业发展面临着农业劳动力短缺和生产率低等问题，大力发展农业机械化生产是长期发展方向。政府也出台了一系列的相关贷款政策和财政补贴措施，推动农业机械化发展。

值得重点关注的是，和经济作物相比，马来西亚的粮食作物种植规模较小，农民更倾向于选择技术水平较高、更小巧灵活的农机装备；由于劳动力短缺，用无人机代替人工喷洒农药和施肥的新型作业方式在马来西亚也已经广泛应用。

表 3-6 马来西亚 2010 年水稻生产机械化情况

序号	作业环节	主要机械	机械化率
1	耕整地	80 马力以上拖拉机	98%
2	播种	气力式播种机	85%
3	插秧	乘坐式插秧机	5%
4	施药	机动喷雾机	90%
5	施肥	气力式撒肥机	85%
6	收获	大型联合收割机	97%

数据来源：马来西亚农业研究与开发研究所。

表 3-7 马来西亚 2010 年水稻生产机械提供情况

单位：台

机械类别	政府提供	农户拥有
四轮拖拉机	250	2 950
联合收割机	92	1 116

数据来源：马来西亚农业研究与开发研究所。

从第一产业从业人数占全社会从业人数的比例变化情况来看（图 3-3），可以看出 1991 年时马来西亚第一产业从业人数占全社会从业人数的比例就仅

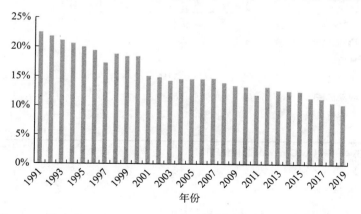

图 3-3 马来西亚历年第一产业从业人数占全社会从业人数比例情况

数据来源：联合国粮农组织。

为 22.50%，随后几乎呈直线下降趋势，1995 年开始下降到 20% 以下，2002年开始下降到 15% 以下，近年来稳定在 10% 左右，2019 年为 10.30%，一定程度上表明马来西亚农业机械化发展进入了较为稳定的高水平时期。

第三节　农机贸易情况分析

一、主要农机产品

从进出口贸易情况来看（表 3 - 8），2020 年马来西亚主要农机产品整体上处于贸易顺差状态，但只有畜禽养殖机械处于贸易顺差状态，其他细分产品也均为贸易逆差。从国际市场占有率来看，马来西亚的畜禽养殖机械市场占有率达到了 2.39%。从出口产品结构来看，畜禽养殖机械是马来西亚出口贸易额最高的产品，占 2020 年当年马来西亚主要农机产品总出口额比重高达94.65%。从进口产品贸易结构来看，畜禽养殖机械是马来西亚进口贸易额最高的产品，占 2020 年当年马来西亚主要农机产品总进口额比重为 39.89%；其次为拖拉机，占比为 32.62%；植保机械占比也达到了 20.33%，其他各类产品占比均不超过 10%，耕整地机械、种植机械和收获机械占比分别为2.33%、1.67% 和 3.17%。

表 3 - 8　2020 年马来西亚主要农机产品进出口贸易情况

单位：千美元

类别	出口额	进口额
拖拉机	1 936.83	38 304.79
耕整地机械	92.59	2 733.32
种植机械	230.03	1 958.44
植保机械	4 035.19	23 872.62
收获机械	793.09	3 723.64
畜禽养殖机械	125 446.59	46 846.86
合计	132 534.31	117 439.66

数据来源：根据 UN Comtrade 数据整理得到。

二、拖拉机

拖拉机是马来西亚进出口额较高的大类农机产品。从拖拉机细分产品进出口贸易情况来看（表 3 - 9），所有细分产品均处于贸易逆差状态。从出口产品结构来看，占拖拉机出口额比重较高的依次为 18 千瓦及以下轮式拖拉机、37 至 75 千瓦轮式拖拉机和单轴拖拉机，占比分别为 46.32%、21.57% 和 20.11%。从进口产品结构来看，占拖拉机进口额比重较高的也是依次为 18 千瓦及以下轮式拖拉机、37 至 75 千瓦轮式拖拉机和单轴拖拉机，占比分别为 36.47%、31.67% 和 22.38%。其中，马来西亚单轴拖拉机进口规模占世界该类产品总进口额的 2.83%，位居世界第八。

表 3-9　2020 年马来西亚拖拉机细分产品进出口贸易情况

单位：千美元

类别	出口额	进口额
单轴拖拉机	389.50	8 571.50
履带式拖拉机	9.28	34.94
18 千瓦及以下轮式拖拉机	897.05	13 969.73
18 至 37 千瓦（含）轮式拖拉机	2.57	1 246.61
37 至 75 千瓦（含）轮式拖拉机	417.74	12 132.25
75 至 130 千瓦（含）轮式拖拉机	139.76	2 262.06
130 千瓦以上轮式拖拉机	80.93	87.70

数据来源：根据 UN Comtrade 数据整理得到。

表 3-10 展示了 2020 年马来西亚主要拖拉机产品的主要进口来源地分布情况。可以看出，单轴拖拉机进口来源国高度集中，最高的中国占比达到 89.95%。18 千瓦及以下轮式拖拉机进口集中度也相对较高，日本和意大利合计占比达到了 79.95%。37 至 75 千瓦轮式拖拉机进口集中度则相对不高，中国、印度和土耳其合计占比为 77.62%。可见，中国是马来西亚主要拖拉机产品的重点进口来源国。

表 3-10　2020 年马来西亚主要拖拉机产品进口来源地分布

单位：%

单轴拖拉机	占比	18 千瓦及以下轮式拖拉机	占比	37 至 75 千瓦（含）轮式拖拉机	占比
中国	89.95	日本	57.78	中国	44.71
日本	4.66	意大利	22.17	印度	21.78
美国	2.83	韩国	7.87	土耳其	11.13
印度	0.95	泰国	6.00	意大利	9.95

（续）

单轴拖拉机	占比	18千瓦及以下轮式拖拉机	占比	37至75千瓦（含）轮式拖拉机	占比
韩国	0.47	中国	2.80	日本	7.00
印度尼西亚	0.44	美国	1.70	巴基斯坦	3.94
泰国	0.33	印度	1.25	印度尼西亚	0.80
土耳其	0.31	英国	0.37	泰国	0.49
比利时	0.03	波兰	0.04	韩国	0.10
中国香港	0.03	德国	0.01	希腊	0.10

数据来源：根据 UN Comtrade 数据整理得到。

三、畜禽养殖机械

畜禽养殖机械是马来西亚进出口额最高的大类农机产品。从畜禽养殖机械细分产品进出口贸易情况来看（表3-11），只有家禽饲养机械和家禽孵卵器及育雏器处于贸易顺差状态。从国际市场占有率来看，马来西亚家禽孵卵器及育雏器市场占有率高达13.40%，位居世界第四；家禽饲养机械市场占有率为7.47%，位居世界第五。从出口产品结构来看，家禽饲养机械和家禽孵卵器及育雏器占畜禽养殖机械出口比重高达73.08%和26.80%。从进口产品结构来看，家禽饲养机械、动物饲料配制机和家禽孵卵器及育雏器占比较高，分别为77.62%、12.27%和7.05%，其余占比均不超过1%。

表3-11　2020年马来西亚畜禽养殖机械细分产品进出口贸易情况

单位：千美元

类别	出口额	进口额
挤奶机	0	377.61
动物饲料配制机	0	5 747.55
家禽孵卵器及育雏器	33 622.50	3 301.78
家禽饲养机械	91 670.48	36 364.53
割草机	153.60	837.41
饲草收获机	0	23.85
打捆机	0	194.13

数据来源：根据 UN Comtrade 数据整理得到。

表 3-12 展示了 2020 年马来西亚家禽养殖机械主要出口目标国分布情况。可以看出,出口集中度相对不高,最高的泰国占比仅有 18.53%,排名前十的国家合计占比为 79.89%。

表 3-12 2020 年马来西亚家禽养殖机械出口目标国分布

单位:%

国家	占比
泰国	18.53
印度尼西亚	13.90
越南	13.56
澳大利亚	7.07
日本	6.08
德国	5.35
孟加拉国	4.86
新西兰	4.12
菲律宾	3.28
印度	3.14

数据来源:根据 UN Comtrade 数据整理得到。

表 3-13 展示了 2020 年马来西亚主要畜禽养殖机械产品的主要进口来源地分布情况。可以看出,动物饲料配制机进口集中度非常高,最高的中国占比达到了 82.74%。家禽孵卵器及育雏器进口集中度相对不高,最高的荷兰占比为 33.47%,但排名前十的国家合计占比高达 98.96%。家禽饲养机械进口集中度较高,最高的德国占比为 46.55%,排名前十的国家合计占比为 99.67%。

表 3-13 2020 年马来西亚主要畜禽养殖机械产品主要进口来源地分布

单位:%

动物饲料配制机	占比	家禽孵卵器及育雏器	占比	家禽饲养机械	占比
中国	82.74	荷兰	33.47	德国	46.55
亚洲其他地区	7.60	中国	16.13	中国	21.44
美国	3.20	比利时	15.82	丹麦	9.41
丹麦	2.09	巴西	9.39	美国	8.38
泰国	1.61	美国	8.59	比利时	8.19
意大利	0.82	英国	6.64	意大利	3.96

（续）

动物饲料配制机	占比	家禽孵卵器及育雏器	占比	家禽饲养机械	占比
瑞士	0.55	意大利	3.15	荷兰	0.78
新加坡	0.46	西班牙	2.68	越南	0.40
荷兰	0.42	泰国	2.26	泰国	0.33
土耳其	0.28	韩国	0.83	新加坡	0.24

数据来源：根据 UN Comtrade 数据整理得到。

小　结

（1）马来西亚经济以农业为主，主要以种植棕榈、天然橡胶、水稻和油籽，以及养猪和鸡为主；农业生产发展较快，农户经营规模较小。

棕榈、天然橡胶、水稻和油籽是马来西亚主要种植的农作物。收获面积方面，2020 年棕榈收获面积位居世界第二，天然橡胶和油籽收获面积位居世界第三。作物产量方面，2020 年棕榈果产量位居世界第二，油籽、天然橡胶和椰子产量分别位居世界第四、第七和第十。猪和鸡为马来西亚主要养殖的畜禽种类。马来西亚农业生产发展较快，近年来农业增加值呈波动上升趋势，占东南亚农业增加值的比例基本稳定，占全国 GDP 比例波动下降并稳定在 10% 左右。2005 年农户平均经营规模约 1 公顷左右。

（2）马来西亚重点作物农业机械化发展水平较高，第一产业从业人数占全社会从业人数比例持续下降。

马来西亚对农业机械化非常重视，国家投入很大，棕榈、水稻等重点作物机械化发展水平较高，其中水稻生产机械化率已经接近 100%。第一产业从业人数占全社会从业人数的比例呈持续下降趋势，2019 年在 10% 左右。

（3）马来西亚农机贸易主要以进口为主，进出口集中度均较高。

马来西亚农机贸易主要进出口产品为拖拉机和畜禽养殖机械。出口方面，细分产品以家禽饲养机械为主；出口集中度相对不高，排名前十的出口目标国合计占比不到 80%。进口方面，细分产品以单轴拖拉机、18 千瓦及以下轮式拖拉机、37 至 75 千瓦轮式拖拉机、动物饲料配制机、家禽孵卵器及育雏器和家禽饲养机械为主，进口集中度一般较高；中国是马来西亚细分产品主要进口来源国。

第四章 印度尼西亚

印度尼西亚与巴布亚新几内亚、东帝汶和马来西亚等国家相接，由约 17 508 个岛屿组成，是全世界最大的群岛国家。印度尼西亚人口约为 2.71 亿，是世界第四人口大国，国土面积约为 191 万平方千米，其中耕地面积约为 8 000 万公顷。印度尼西亚是东盟最大的经济体。

第一节 农业发展情况

一、农业生产概况

印度尼西亚是东南亚国土面积最大的国家，各岛屿以山地和高原为主，仅沿海有平原，爪哇岛是最主要的岛屿。气候是典型的热带雨林气候，年平均温度 25～27℃，无四季分别。北部受北半球季风影响，7—9 月降水量丰富，南部受南半球季风影响，12 月、1 月、2 月降水量丰富。粮食作物是组成印度尼西亚种植业的基础部分，经济作物以油棕和橡胶为主。同时，印度尼西亚也是可可和咖啡等高附加值商品的全球生产大国。

从农作物的收获面积情况来看（表 4-1），印度尼西亚以种植棕榈、水稻、玉米、天然橡胶、椰子、可可、咖啡、木薯、大豆和丁香等为主，且棕榈和水稻为农作物收获面积前两位，常年种植面积均在千万公顷以上。其中，2020 年印度尼西亚棕榈收获面积为 1 499.60 万公顷，位居世界第一，约占世界总收获面积的 52.19%、占东南亚总收获面积的 70.55%；水稻收获面积为 1 065.73 万公顷，位居世界第四，约占世界总收获面积的 6.49%、占东南亚总收获面积的 24.19%；玉米收获面积为 395.53 万公顷，位居世界第十，约占世界总收获面积的 1.96%、占东南亚总收获面积的 41.67%；天然橡胶收获面积为 366.87 万公顷，位居世界第一，约占世界总收获面积的 28.67%、占东南亚总收获面积的 37.95%；椰子收获面积为 277.00 万公顷，位居世界第二，约占世界总收获面积的 23.93%、占东南亚总收获面积的 40.38%；可可收获面积为 158.24 万公顷，位居世界第二，约占世界总收获面积的 12.85%、占东南亚总收获面积的 97.60%；咖啡收获面积为 126.43 万公顷，位居世界第二，约占世界总收获面积的 11.45%、占东南亚总收获面积的 57.72%；丁香收获面积为 55.29 万公顷，位居世界第一，约占世界总收获面积的 84.80%、占东南亚总收获面积的 99.82%。

表 4-1　印度尼西亚历年主要农作物收获面积

单位：万公顷

类别	2016 年	2017 年	2018 年	2019 年	2020 年
棕榈	1 120.15	1 404.87	1 432.64	1 459.56	1 499.60
水稻	1 060.00	1 090.00	1 137.79	1 067.79	1 065.73
玉米	444.44	553.32	568.04	415.10	395.53
天然橡胶	363.73	365.91	367.14	368.35	366.87
椰子	290.00	285.00	280.00	279.00	277.00
可可	170.14	165.84	161.10	159.26	158.24
咖啡	122.85	123.86	125.28	123.98	126.43
木薯	82.27	77.30	69.74	68.63	70.16
大豆	57.70	35.58	72.38	67.00	69.00
丁香	54.50	55.96	56.91	56.94	55.29

数据来源：联合国粮农组织。

从农作物的产量情况来看（表 4-2），印度尼西亚基本稳定在前十位的作物是棕榈、水稻、甘蔗、玉米、木薯和椰子等，且这六类是总产量最高的农作物，常年产量在千万吨以上。其中，2020 年棕榈产量为 2.57 亿吨，位居世界第一，约占世界总产量的 61.31%、占东南亚总产量的 69.35%；水稻产量为 5 464.92 万吨，位居世界第四，约占世界总产量的 7.22%、占东南亚总产量的 28.90%；甘蔗产量为 2 891.38 万吨，位居世界第九，约占世界总产量的 1.55%、占东南亚总产量的 18.62%；玉米产量为 2 250.00 万吨，位居世界第八，约占世界总产量的 1.94%、占东南亚总产量的 50.83%；木薯产量为 1 830.20 万吨，位居世界第五，约占世界总产量的 6.05%、占东南亚总产量的 25.55%；椰子产量为 1 682.48 万吨，位居世界第一，约占世界总产量的 27.35%、占东南亚总产量的 48.01%；香蕉产量为 818.28 万吨，位居世界第三，约占世界总产量的 6.83%、占东南亚总产量的 43.41%；杧果、山竹、番石榴产量为 361.73 万吨，位居世界第二，约占世界总产量的 6.60%、占东南亚总产量的 48.79%；天然橡胶产量为 336.64 万吨，位居世界第二，约占世界总产量的 22.68%、占东南亚总产量的 30.61%；辣椒产量为 277.26 万吨，位居世界第三，约占世界总产量的 7.67%、占东南亚总产量的 96.88%。另外，印度尼西亚还有菠萝、甜菜等众多农作物产量位居世界前十位。

表 4-2 印度尼西亚历年主要农作物产量

单位：万吨

类别	2016 年	2017 年	2018 年	2019 年	2020 年
棕榈	19 304.71	24 282.89	24 620.80	25 025.61	25 652.86
水稻	5 403.10	5 525.20	5 920.05	5 460.40	5 464.92
甘蔗	2 800.00	2 800.00	2 950.00	2 910.00	2 891.38
玉米	2 357.84	2 892.40	3 025.39	2 258.60	2 250.00
木薯	2 026.07	1 905.37	1 710.00	1 635.00	1 830.20
椰子	1 740.00	1 720.00	1 611.90	1 707.45	1 682.48
香蕉	700.71	716.27	726.44	728.07	818.28
杜果、山竹、番石榴	218.44	256.60	308.36	329.48	361.73
天然橡胶	330.71	368.04	363.04	344.88	336.64
辣椒	196.16	235.94	254.23	258.86	277.26

数据来源：联合国粮农组织。

印度尼西亚畜牧业主要以养羊、牛和鸡为主。从主要畜禽存栏量可以明显看出（表 4-3），羊、牛和鸡是存栏量较高的畜禽种类。其中，2020 年末印度尼西亚山羊存栏量为 1 909.64 万只，约占东南亚总存栏量的 50.86%；绵羊存栏量为 1 776.91 万只，约占东南亚总存栏量的 90.70%；牛存栏量为 1 746.68 万头，约占东南亚总存栏量的 31.39%；生猪存栏量为 906.99 万头，约占东南亚总存栏量的 11.46%；鸡存栏量为 35.60 亿只，位居世界第三，约占世界总存栏量的 10.99%、占东南亚总存栏量的 68.97%。

表 4-3 印度尼西亚历年主要畜禽存栏量

单位：万头、万只

类别	2016 年	2017 年	2018 年	2019 年	2020 年
山羊	1 784.72	1 820.80	1 830.65	1 846.31	1 909.64
绵羊	1 600.41	1 714.25	1 761.14	1 783.37	1 776.91
牛	1 571.67	1 642.91	1 643.29	1 693.00	1 746.68
生猪	790.34	826.10	825.41	852.09	906.99
鸡	208 807.90	348 118.10	370 061.80	373 548.50	356 007.90

数据来源：联合国粮农组织。

从主要畜禽产品的产量来看（表4-4），产量比较高的是与羊、牛和鸡相关的产品。其中，2020年印度尼西亚鸡蛋产量为504.44万吨，位居世界第四，约占世界总产量的5.88%、占东南亚总产量的2.76%；鸡肉产量为370.79万吨，位居世界第五，约占世界总产量的3.12%、占东南亚总产量的33.00%；牛奶产量为94.77万吨，约占东南亚总产量的17.16%；牛肉产量为51.56万吨，约占东南亚总产量的30.24%；山羊奶产量为37.07万吨，约占东南亚总产量的92.76%。

表4-4 印度尼西亚历年主要畜禽产品产量

单位：万吨

类别	2016年	2017年	2018年	2019年	2020年
鸡蛋	148.57	463.28	468.81	475.34	504.44
鸡肉	230.08	317.59	383.83	392.89	370.79
牛奶	91.27	92.81	95.10	94.45	94.77
牛肉	51.85	48.63	49.80	50.48	51.56
山羊奶	35.28	35.80	35.95	36.19	37.07

数据来源：联合国粮农组织。

二、农业发展水平

从印度尼西亚农业增加值的变化来看（图4-1），1970年至2020年间总体上呈现出波动上升的总趋势，且波动性特别明显，自2006年开始持续快速增长。由1970年的41.92亿美元增长到了2020年的1 450.46亿美元，也是这期间的峰值。

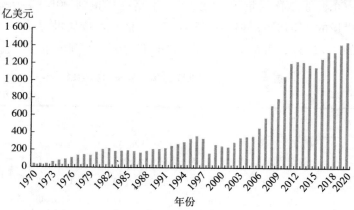

图4-1 印度尼西亚历年农业增加值变化情况

数据来源：联合国粮农组织。

印度尼西亚农业增加值占东南亚农业增加值的比例一直处于较高水平，整体呈波动性上升的趋势（图4-2），1970年开始由35.76％增长到了1982年的45.59％，之后波动下降至最低的1998年的26.78％，之后才又波动上升至峰值即2019年的46.26％，2020年为45.41％。印度尼西亚农业增加值占全国GDP的变化则呈现出持续下降的明显趋势，峰值为1970年的40.16％，2000年之后均未超过15％，2020年为13.70％。

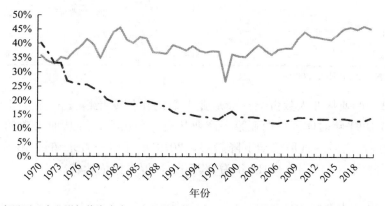

图4-2　历年印度尼西亚农业增加值占东南亚农业增加值和全国GDP比例情况

数据来源：根据联合国粮农组织数据计算得到。

第二节　农机化发展分析

印度尼西亚农户平均经营规模较小，尚不足1公顷，但农业机械化在印度尼西亚农业发展中依然具有非常重要的作用。水稻生产机械化一直是印度尼西亚发展的优先领域。表4-5展示了印度尼西亚水稻生产各环节的机械化率变化情况。可见，病虫害防治和碾米两个环节很早就实现了全部机械化作业。

表4-5　印度尼西亚历年水稻生产机械化率变化情况

单位：％

生产环节	2004年	2009年	2010年	2011年
耕整地	48	55	60	65
播种	0	1	2	4

（续）

生产环节	2004 年	2009 年	2010 年	2011 年
种植	4	5	6	7
除草	2	5	8	12
病虫害防治	100	100	100	100
收获	5	10	18	26
脱粒	45	55	60	65
烘干	25	30	34	38
碾米	100	100	100	100

数据来源：ICAERD，2009。

从第一产业从业人数占全社会从业人数的比例变化情况来看（图 4-3），可以看出 1991 年时印度尼西亚第一产业从业人数占全社会从业人数的比例高达 55.50%，之后一直呈波动下降趋势，2010 年开始一直未超过 40%，2018 年开始下降到 30% 以下，2019 年为 28.50%，但占比依然较高。

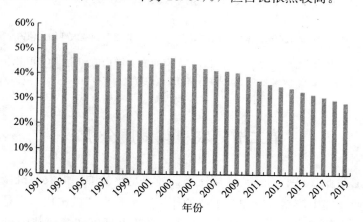

图 4-3 印度尼西亚历年第一产业从业人数占全社会从业人数比例情况
数据来源：联合国粮农组织。

从部分农业机械保有量变化来看（表 4-6），2010 年较 2006 年变化并不是很大，尤其是四轮拖拉机增量较小。

从联合收割脱粒机的保有量变化来看（图 4-4），整体呈波动增长趋势，由 1971 年的 9 100 台增加到了 2002 年的 34.77 万台，1985 年开始增长尤为迅速。

表 4-6 印度尼西亚部分农业机械保有量

单位：台

序号	农机类型	2006 年	2010 年
1	灌溉水泵	185 322	187 801
2	两轮拖拉机	116 016	126 453
3	四轮拖拉机	2 853	2 969
4	手工脱粒机	150 224	151 284
5	机动脱粒机	41 192	49 957
6	烘干机	1 388	1 421

数据来源：印度中央统计局。

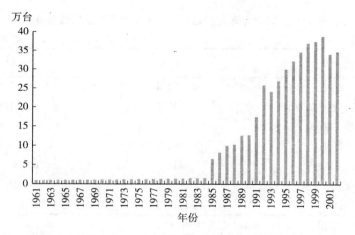

图 4-4 历年印度尼西亚联合收割脱粒机保有量变化情况

数据来源：联合国粮农组织。

　　总体来看，印度尼西亚的农作物生产仍以传统方式为主，机械化水平较低，导致国内农产品生产效率和产品质量也相对较低，难以满足日益攀升的农产品消费需求和出口需求。近年来，印度尼西亚政府逐渐加大了对现代农业的投资力度，积极推进国内农业生产活动数字化变革，这也使得市场对农业机械的应用需求随之扩大。但就目前来看，印度尼西亚农业机械工业体系不完整、配套能力差，自主研发的农机品种不多且市场价格普遍较高，为了满足国内应用需求，印度尼西亚市场对进口农机的依赖性预期将会逐渐提升。

第三节　农机贸易情况分析

一、主要农机产品

从进出口贸易情况来看（表4-7），2020年印度尼西亚主要农机产品整体上处于贸易逆差状态。其中，仅有拖拉机处于贸易顺差状态，其余均为贸易逆差状态。从出口产品结构来看，拖拉机是印度尼西亚出口贸易额最高的产品，占2020年当年印度尼西亚主要农机产品总出口额比重高达96.80%。从进口产品贸易结构来看，畜禽养殖机械是印度尼西亚进口贸易额最高的产品，占2020年当年印度尼西亚主要农机产品总进口额比重为30.92%；其次为收获机械和植保机械，占比分别为29.15%和23.30%；拖拉机占比也达到了12.47%，耕整地机械和种植机械占比分别为2.42%和1.47%。

表4-7　2020年印度尼西亚主要农机产品进出口贸易情况

单位：千美元

类别	出口额	进口额
拖拉机	61 986.33	28 644.93
耕整地机械	13.57	5 554.16
种植机械	3.50	3 991.69
植保机械	1 644.25	53 514.63
收获机械	218.08	66 966.75
畜禽养殖机械	173.03	71 031.76
合计	64 038.77	229 703.92

数据来源：根据 UN Comtrade 数据整理得到。

二、拖拉机

拖拉机是印度尼西亚进出口总额最高的大类农机产品。从拖拉机细分产品进出口贸易情况来看（表4-8），履带式拖拉机、18至37千瓦轮式拖拉机和37至75千瓦轮式拖拉机处于贸易顺差状态，其余均处于贸易逆差状态。从国际市场占有率来看，印度尼西亚18至37千瓦轮式拖拉机市场占有率较高，为3.21%，位居世界第九。从出口产品结构来看，占拖拉机出口额比重较高的为18至37千瓦轮式拖拉机和37至75千瓦轮式拖拉机，占比分别为88.19%和10.52%。从进口产品结构来看，占拖拉机进口额比重较高的是18至37千瓦轮式拖拉机、37 至 75 千瓦轮式拖拉机和 75 至 130 千瓦轮式拖拉机，占比分别为 51.37%、20.37% 和 17.67%。

表 4-8　2020 年印度尼西亚拖拉机细分产品进出口贸易情况

单位：千美元

类别	出口额	进口额
单轴拖拉机	333.94	646.09
履带式拖拉机	212.68	36.00
18 千瓦及以下轮式拖拉机	100.28	1 024.78
18 至 37 千瓦（含）轮式拖拉机	54 668.04	14 714.96
37 至 75 千瓦（含）轮式拖拉机	6 520.66	5 835.38
75 至 130 千瓦（含）轮式拖拉机	50.00	5 062.69
130 千瓦以上轮式拖拉机	100.75	1 325.03

数据来源：根据 UN Comtrade 数据整理得到。

表 4-9 展示了 2020 年印度尼西亚主要拖拉机产品的主要出口目标国分布情况。可以看出，18 至 37 千瓦轮式拖拉机出口集中度非常高，仅美国就占到了 92.60%。37 至 75 千瓦轮式拖拉机出口地域分布方面，美国占比最高为 36.88%，排名前十的国家合计占比为 96.75%。综合来看，美国是印度尼西亚主要拖拉机产品主要出口的主力市场。

表 4-9　2020 年印度尼西亚主要拖拉机产品主要出口目标国分布

单位:%

18 至 37 千瓦（含）轮式拖拉机	占比	37 至 75 千瓦（含）轮式拖拉机	占比
美国	92.60	美国	36.88
法国	2.09	泰国	15.41
泰国	1.38	法国	10.12
澳大利亚	1.20	缅甸	9.60
英国	0.72	德国	8.95
丹麦	0.53	越南	4.32
德国	0.37	比利时	4.22
比利时	0.33	东帝汶	2.85
新西兰	0.32	英国	2.52
日本	0.27	意大利	1.90

数据来源：根据 UN Comtrade 数据整理得到。

表 4-10 展示了 2020 年印度尼西亚主要拖拉机产品的主要进口来源国分布情况。可以看出，18 至 37 千瓦轮式拖拉机进口集中度较高，泰国、印度和中国占比分别为 34.59%、29.52% 和 19.80%。37 至 75 千瓦轮式拖拉机进口地域分布方面，中国、印度和日本占比分别为 50.35%、15.22% 和 12.17%。75 至 130 千瓦轮式拖拉机进口集中度也较高，中国、墨西哥和巴西占比分别为 48.97%、23.63% 和 12.72%。

表 4-10　2020 年印度尼西亚主要拖拉机产品主要进口来源国分布

单位：%

18 至 37 千瓦（含）轮式拖拉机	占比	37 至 75 千瓦（含）轮式拖拉机	占比	75 至 130 千瓦（含）轮式拖拉机	占比
泰国	34.59	中国	50.35	中国	48.97
印度	29.52	印度	15.22	墨西哥	23.63
中国	19.80	日本	12.17	巴西	12.72
韩国	12.44	墨西哥	10.66	意大利	11.34
日本	2.50	韩国	9.76	马来西亚	3.34
美国	1.15	德国	1.85		
意大利	0.00				

数据来源：根据 UN Comtrade 数据整理得到。

三、收获机械

收获机械是印度尼西亚进出口额较高的大类农机产品。从收获机械细分产品进出口贸易情况来看（表 4-11），所有产品均处于贸易逆差状态。从出口产品结构来看，占收获机械出口额比重最高的为联合收割机，占比为 95.57%。从进口产品结构来看，占收获机械进口额比重较高的是联合收割机和其他收获机械，占比分别为 88.72% 和 10.89%。

表 4-11　2020 年印度尼西亚收获机械细分产品进出口贸易情况

单位：千美元

类别	出口额	进口额
联合收割机	208.42	59 413.11
脱粒机	8.37	226.35
根茎或块茎收获机	0	37.38
其他收获机械	1.29	7 289.91

数据来源：根据 UN Comtrade 数据整理得到。

表4-12展示了2020年印度尼西亚主要收获机械产品的主要进口来源地分布情况。可以看出，联合收割机进口来源国高度集中，中国占比就高达59.66％。其他收获机械进口地域分布方面，美国和中国合计占比高达88.90％。

表4-12　2020年印度尼西亚主要收获机械产品主要进口来源地分布

单位：％

联合收割机	占比	其他收获机械	占比
中国	59.66	美国	47.79
泰国	36.23	中国	41.11
巴西	4.11	印度	4.14
新加坡	0.00	泰国	4.01
		塞浦路斯	1.83
		土耳其	0.66
		巴西	0.44
		亚洲其他地区	0.02
		德国	0.00

数据来源：根据 UN Comtrade 数据整理得到。

四、畜禽养殖机械

畜禽养殖机械也是印度尼西亚进口额较高的大类农机产品。从畜禽养殖机械细分产品进口贸易情况来看（表4-13），家禽饲养机械、动物饲料配制机和家禽孵卵器及育雏器所占比重较高，分别为54.35％、29.33％和14.26％。

表4-13　2020年印度尼西亚畜禽养殖机械细分产品进口贸易情况

单位：千美元

类别	进口额
挤奶机	549.45
动物饲料配制机	20 834.06
家禽孵卵器及育雏器	10 132.50
家禽饲养机械	38 608.48
割草机	478.06
饲草收获机	235.76
打捆机	193.44

数据来源：根据 UN Comtrade 数据整理得到。

表4-14展示了2020年印度尼西亚主要畜禽养殖机械产品的主要进口来

源国分布情况。可以看出，动物饲料配制机进口集中度相对较高，最高的中国占到了 56.73%，但排名前十的国家合计占比为 74.94%。家禽孵卵器及育雏器进口地域分布方面，进口自荷兰、比利时和中国的占比分别为 30.78%、20.89%和 13.90%，排名前十的国家合计占比为 98.72%。家禽饲养机械进口集中度也比较高，马来西亚和中国占比分别为 39.65%和 20.21%，排名前十的国家合计占比为 88.77%。综合来看，中国是印度尼西亚主要畜禽养殖机械产品的重要进口来源国。

表 4-14　2020 年印度尼西亚主要畜禽养殖机械产品主要进口来源国分布

单位：%

动物饲料配制机	占比	家禽孵卵器及育雏器	占比	家禽饲养机械	占比
中国	56.73	荷兰	30.78	马来西亚	39.65
越南	5.10	比利时	20.89	中国	20.21
意大利	4.18	中国	13.90	荷兰	6.00
新加坡	2.88	马来西亚	9.77	俄罗斯	4.15
马来西亚	2.40	法国	8.15	英国	3.46
法国	1.42	英国	6.76	越南	3.38
美国	1.17	丹麦	3.45	意大利	3.37
荷兰	0.40	美国	2.10	丹麦	3.24
西班牙	0.35	意大利	1.61	美国	2.82
加拿大	0.31	泰国	1.32	土耳其	2.49

数据来源：根据 UN Comtrade 数据整理得到。

小　结

（1）印度尼西亚是东盟最大的经济体，主要以种植棕榈、水稻、玉米、天然橡胶、椰子、可可和咖啡，以及养羊、牛和鸡为主；农业生产发展较快，农户经营规模较小。

印度尼西亚是东盟最大的经济体。棕榈、水稻、玉米、天然橡胶、椰子、可可和咖啡是印度尼西亚主要种植的农作物。收获面积方面，2020 年棕榈和丁香收获面积位居世界第一，椰子、可可和咖啡收获面积位居世界第二，水稻和玉米收获面积分别位居世界第四和第十。作物产量方面，2020 年棕榈果和椰子产量均位居世界第一，天然橡胶和杜果、山竹、番石榴产量位居世界第二，香蕉和辣椒产量位居世界第三，水稻、玉米和甘蔗产量分别位居世界第四、第八和第九位。羊、牛和鸡为印度尼西亚主要养殖的畜禽种类，2020 年末鸡存栏量位居世界第三，鸡肉产量位居世界第五。印度尼西亚农业生产发展较快，近年来农业增加值呈波动上升趋势，占东南亚农业增加值的比例处于较高水平且呈波动上升趋势，占全国 GDP 比例波动下降并稳定在 15％左右。农户平均经营规模不足 1 公顷。

（2）印度尼西亚重点作物农业机械化发展水平较高，第一产业从业人数占全社会从业人数比例持续下降。

水稻生产机械化一直是印度尼西亚发展的优先领域，2011 年左右病虫害防治和碾米两个环节就实现了全部机械化作业。第一产业从业人数占全社会从业人数的比例呈波动下降趋势，2018 年开始下降到 30％以下。拖拉机等主要农机具保有量相对稳定，联合收割脱粒机增长迅速。

（3）印度尼西亚农机贸易以进口为主，进出口集中度均较高。

印度尼西亚主要农机产品整体上处于贸易逆差状态，主要进出口产品为拖拉机、收获机械和畜禽养殖机械。出口方面，细分产品以 18 至 37 千瓦轮式拖拉机和 37 至 75 千瓦轮式拖拉机为主；出口集中度非常高，尤其单一国家占比极高，美国是印度尼西亚主要拖拉机产品出口的主力市场。进口方面，细分产品以 18 至 37 千瓦轮式拖拉机、37 至 75 千瓦轮式拖拉机、75 至 130 千瓦轮式拖拉机、联合收割机、其他收获机械、动物饲料配制机、家禽孵卵器及育雏器和家禽饲养机械为主，进口集中度一般较高；进口来源国相对比较分散，中国是马来西亚细分产品的主要进口来源国之一。

第五章　越　　南

越南位于中南半岛东部，北与中国接壤，西与老挝、柬埔寨交界，东面和南面临南海。越南人口约为 9 826 万，国土面积约为 33 万平方千米，其中耕地面积约为 525 万公顷。

第一节　农业发展情况

一、农业生产概况

越南地形南北狭长，地势由西北向东南倾斜，山地和高原占国土面积的 2/3，平原占国土面积的 1/3，大部分由河流泥沙冲积而成，主要有北部的红河平原和南方的九龙江平原等。越南是农业大国，热带亚热带水果品种丰富，一些农产品已在国际市场上占有一席之地。

从农作物的收获面积情况来看（表 5-1），越南以种植水稻、玉米、天然橡胶、咖啡、木薯、腰果、甘蔗、花生、椰子和干豆等为主，且水稻和玉米稳居农作物收获面积前两位，常年种植面积均在百万公顷以上。其中，2020 年越南水稻收获面积为 722.26 万公顷，位居世界第六，约占世界总收获面积的 4.40%、占东南亚总收获面积的 16.39%；天然橡胶收获面积为 72.88 万公顷，位居世界第五，约占世界总收获面积的 5.70%、占东南亚总收获面积的 7.54%；咖啡收获面积为 63.76 万公顷，位居世界第六，约占世界总收获面积的 5.77%、占东南亚总收获面积的 29.11%；腰果收获面积为 28.09 万公顷，位居世界第八，约占世界总收获面积的 3.96%、占东南亚总收获面积的 32.61%；椰子收获面积为 16.35 万公顷，位居世界第八，约占世界总收获面积的 1.41%、占东南亚总收获面积的 2.38%。

从农作物的产量情况来看（表 5-2），越南基本稳定在前十位的作物是水稻、甘蔗、木薯、玉米、香蕉、咖啡、椰子、西瓜、甜菜和天然橡胶，水稻、甘蔗和木薯是总产量最高的农作物且稳居前三，常年产量在千万吨以上。其中，2020 年水稻产量为 4 275.89 万吨，位居世界第五，约占世界总产量的

5.65％、占东南亚总产量的 22.61％；甘蔗产量为 1 153.45 万吨，约占东南亚总产量的 7.43％；木薯产量为 1 048.78 万吨，位居世界第七，约占世界总产量的 3.47％、占东南亚总产量的 14.64％；咖啡豆产量为 176.35 万吨，位居世界第二，约占世界总产量的 16.50％、占东南亚总产量的 62.39％；椰子产量为 171.94 万吨，位居世界第六，约占世界总产量的 2.79％、占东南亚总产量的 4.91％；甜菜产量为 137.28 万吨，位居世界第十，约占世界总产量的 1.53％、占东南亚总产量的 37.27％；天然橡胶产量为 122.61 万吨，位居世界第三，约占世界总产量的 8.26％、占东南亚总产量的 11.15％。

表 5-1 越南历年主要农作物收获面积

单位：万公顷

类别	2016 年	2017 年	2018 年	2019 年	2020 年
水稻	773.47	770.85	757.07	745.15	722.26
玉米	115.18	109.93	103.26	98.52	93.96
天然橡胶	62.14	65.32	68.95	70.87	72.88
咖啡	59.76	60.52	61.89	62.41	63.76
木薯	56.92	53.25	51.30	51.78	52.36
腰果	28.10	28.38	28.40	27.86	28.09
甘蔗	24.35	28.11	26.94	23.78	18.54
花生	18.48	19.54	18.59	17.58	16.96
椰子	14.68	14.81	15.47	15.90	16.35
干豆	14.51	14.97	14.35	13.68	13.28

数据来源：联合国粮农组织。

表 5-2 越南历年主要农作物产量

单位：万吨

类别	2016 年	2017 年	2018 年	2019 年	2020 年
水稻	4 311.20	4 276.37	4 404.63	4 349.55	4 275.89
甘蔗	1 631.31	1 835.64	1 794.52	1 568.56	1 153.45
木薯	1 090.98	1 026.76	984.71	1 017.49	1 048.78
玉米	524.41	510.98	487.41	473.21	455.96
香蕉	194.19	204.54	208.73	219.42	219.14
咖啡	146.08	154.24	161.63	168.68	176.35

（续）

类别	2016 年	2017 年	2018 年	2019 年	2020 年
椰子	147.00	149.92	157.17	167.70	171.94
西瓜	110.27	112.12	120.01	136.40	145.61
甜菜	126.93	135.25	137.47	143.20	137.28
天然橡胶	103.53	109.45	113.77	118.25	122.61

数据来源：联合国粮农组织。

越南畜牧业主要以养猪和鸡为主。从主要畜禽存栏量可以看出（表5-3），生猪、黄牛、山羊、水牛和鸡是存栏量较高的畜禽种类。其中，2020 年末越南生猪存栏量为 2 202.79 万头，位居世界第七，约占世界总存栏量的 2.31%、占东南亚总存栏量的 27.83%；黄牛存栏量为 623.05 万头，约占东南亚总存栏量的 11.20%；山羊存栏量为 265.46 万头，约占东南亚总存栏量的 7.07%；水牛存栏量为 233.28 万头，位居世界第七，约占世界总存栏量的 1.15%、占东南亚总存栏量的 17.24%；鸡存栏量达到 4.10 亿只，位居世界第十，约占世界总存栏量的 1.26%、占东南亚总存栏量的 7.93%。

表5-3　越南历年主要畜禽存栏量

单位：万头、万只

类别	2016 年	2017 年	2018 年	2019 年	2020 年
生猪	2 907.53	2 740.67	2 815.19	1 961.55	2 202.79
黄牛	549.66	565.49	580.29	606.00	623.05
山羊	202.10	255.63	268.39	260.92	265.46
水牛	251.94	249.17	242.51	238.79	233.28
鸡	27 718.90	29 520.90	31 691.60	38 259.70	40 950.00

数据来源：联合国粮农组织。

从主要畜禽产品的产量来看（表5-4），产量比较高的是与猪和鸡相关的产品。其中，2020 年越南猪肉产量为 355.01 万吨，位居世界第七，约占世界总产量的 3.23%、占东南亚总产量的 45.72%；鸡肉产量为 114.63 万吨，约占东南亚总产量的 10.20%；牛奶产量为 104.93 万吨，约占东南亚总产量的 19.00%；鸡蛋产量为 47.37 万吨，约占东南亚总产量的 5.71%。

表5-4 越南历年主要畜禽产品产量

单位：万吨

类别	2016年	2017年	2018年	2019年	2020年
猪肉	366.46	373.33	381.64	332.88	355.01
鸡肉	79.51	88.13	93.60	99.04	114.63
牛奶	74.07	78.64	83.96	98.61	104.93
鸡蛋	47.23	31.05	34.94	41.00	47.37

数据来源：联合国粮农组织。

二、农业发展水平

从越南农业增加值的变化来看（图5-1），1970年至2020年间总体上呈现出持续上升的总趋势。由1970年的11.86亿美元增长到了2020年的402.76亿美元，尤其是2008年突破200亿美元之后增长尤为迅速。

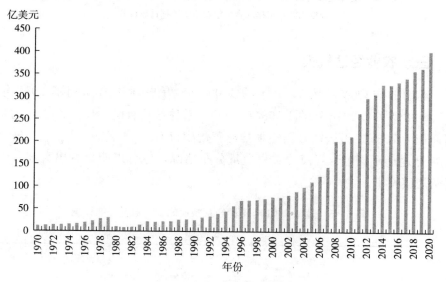

图5-1 越南历年农业增加值变化情况

数据来源：联合国粮农组织。

越南农业增加值占东南亚农业增加值的比例呈先降后升的总体趋势（图5-2），整体占比不高，在10%左右。先是由1970年的10.11%下降到了1981年的1.69%，之后开始缓慢上升至2020年的12.61%。越南农业增加值占全国 GDP 的变化则呈现出独特的发展特征，1970 至 1989 年期间基本稳定在 43％左右的水平，之后开始持续下降至 2020 年的 14.85％。

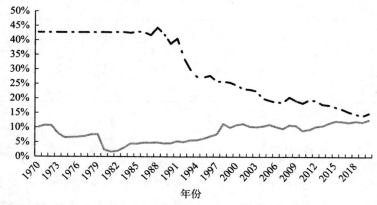

图 5-2　历年越南农业增加值占东南亚农业增加值和全国 GDP 比例情况
数据来源：根据联合国粮农组织数据计算得到。

三、农业经营规模

越南的农户数量从 2001 年的 1 068.98 万户逐步增加到了 2011 年的 1 534.38 万户、2016 年的 1 598.75 万户，总体数量有所增长。2001 年的总经营面积为 763.39 万公顷，当年平均经营规模仅有 0.71 公顷。表 5-5 展示了 2001 年越南不同经营规模的农户数量分布情况，也可以明显看出大部分农户经营规模偏小。

表 5-5　越南 2001 年不同经营规模的农户数量分布情况

单位：千户

经营规模	农户数量
0.2 公顷以下	3 132.91
0.2～0.5 公顷	4 189.05
0.5～1 公顷	1 755.06
1～2 公顷	1 058.14
2～3 公顷	338.25

（续）

经营规模	农户数量
3～5公顷	167.93
5～10公顷	42.80
10公顷以上	5.64

数据来源：越南2001年农业普查。

第二节　农机化发展分析

一、农机化发展历程

越南主要农作物为水稻，因此主要农业生产活动基本围绕水稻展开。越南政府对农业机械化较为重视，近年来也取得了积极成效，但整体水平依然很低。根据2013年的统计数据，越南每公顷农机动力仅为1.16马力，其中生产率最高的湄公河三角洲地区也不过每公顷1.85马力，与日本、韩国、中国等相比差距较大。从越南水稻生产机械化的发展情况来看（表5-6），耕整地、碾米等部分环节机械化率相对较高，其他环节依然较低。其中，水稻耕整地主要采用8～15马力两轮拖拉机和20～50马力四轮拖拉机。

表5-6　越南水稻生产机械化情况

单位：%

生产环节	机械化率
耕整地	90
插秧	<1
灌溉	94
收获	35
烘干	45
碾米	95

数据来源：阮国越（2019）。

甘蔗也是越南的重要作物之一。越南甘蔗在平坦地区的种植面积约占总面积的60%，这也是机械化较易开展的地区。在这类地区，甘蔗耕整地机械化率可达80%～90%；田间管理、除草、施肥机械化率为10%；种植、采集、搬运和收割等环节则大部分依靠人工作业。此外，在种植玉米的平坦地区，耕整地和植保机械化率约为70％，分级和脱粒等环节已经基本实现机械化作业，但收割仍主要靠人力完成。

从第一产业从业人数占全社会从业人数的比例变化情况来看（图5-3），可以发现总体呈波动下降趋势，1991年时越南第一产业从业人数占全社会从业人数的比例高达70.90％，也是区间最高比例；之后大多数年份都保持持续下降，2003年开始均未超过60％，2007年之后均未超过50％，2018年开始降至40％以下，2019年为37.20％，但整体来看依然占比较高。

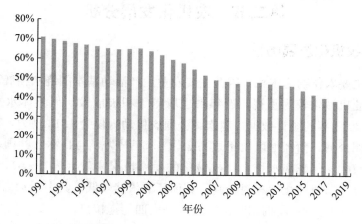

图5-3　越南历年第一产业从业人数占全社会从业人数比例情况
数据来源：联合国粮农组织。

二、主要农机产品保有量

表5-7展示了越南主要农业机械的保有量变化情况，可以看出与2011年相比，多类农业机械保有量增幅较大。其中，拖拉机保有量由2011年的49.77万台增长到了2016年的71.93万台，增幅达到44.52％；联合收割机保有量由2011年的1.31万台增长到了2016年的2.22万台，增幅达到69.47％；其他收割机保有量由2011年的6.20万台增长到了2016年的17.18万台，增长了1.77倍；畜产品加工机械由2011年的6.24万台增长到了2016年的11.62万台，增长了86.22％；水产品加工机械由2011年的0.58万台增长到了2016年的1.22万台，增长了1.1倍；机动喷雾机则由2011年的55.15万台增长到了2016年的153.76万台，增长了1.79倍。

表 5-7　越南主要农业机械保有量变化情况

单位：千台

农机类别	2011 年	2016 年
拖拉机	497.7	719.3
播种机	25.7	27.7
联合收割机	13.1	22.2
其他收割机	62.0	171.8
脱粒机	231.1	249.8
烘干机	58.9	72.3
粮食加工机械	204.7	189.5
畜产品加工机械	62.4	116.2
水产品加工机械	5.8	12.2
水泵	1 932.3	2 782.8
机动喷雾机	551.5	1 537.6

数据来源：越南历次农业普查。

另外，表 5-8 展示了越南 2016 年其他部分农业机械的保有量情况，可以看出耕整地机械、碾米机等保有量较大。

表 5-8　越南 2016 年其他部分农业机械保有量

单位：千台

农机类别	保有量
犁（35 马力以上）	28.19
犁（12～35 马力）	270.72
犁（12 马力以下）	420.34
碾米机	189.51
挤奶机	9.06

数据来源：越南 2016 年农业普查。

从平均保有量来看，截至 2019 年底，越南每 100 个农林牧业生产单位约拥有 0.74 辆汽车、1.93 台发电机；100 户水稻种植户使用 28.87 台机动喷雾器、0.44 台联合收割机、2.84 台其他收割机和 4.02 台电动脱粒机，主要农机保有量进一步提升。[①]

---

① 数据来源为越南 2020 年农业调查。

第三节 农机市场与贸易分析

一、国内农机市场

越南农业机械市场正在迅速发展，其中国内制造的机械约占 33％，30 马力以上拖拉机、水稻插秧机、甘蔗收获机和玉米收获机等在质量和数量上都远远无法满足国内需求，主要依赖进口。表 5-9 展示了越南主要农业机械的产量情况，其中，其他拖拉机的生产以国有企业为主，水稻收割机或脱粒机生产以非国有企业为主。

表 5-9 越南历年主要农业机械产量

单位：台

年份	单轴拖拉机	其他拖拉机	耕耘机	水稻收割机或脱粒机
2013	26 820	34 360	—	—
2014	30 490	37 760	—	—
2015	—	166 202	—	—
2016	—	148 582	—	2 361
2017	—	—	—	1 827
2018	—	—	989	4 002
2019	—	—	1 300	3 133
2020	—	—	1 300	2 672

数据来源：越南工贸统计数据库。

目前，外商直接投资越南农机市场的相对较少，2009 年日本久保田在越南建立工厂，主要生产拖拉机和其他农业机械，年产能约为 15 000 台拖拉机和 2 000 台农业机械（主要有碾米机、水稻和玉米收获机以及插秧机等）。随着越南农业的不断发展，对于农业机械的需求将会更加旺盛。

二、主要农机产品

从进出口贸易情况来看（表 5-10），2020 年越南主要农机产品整体上处于较为明显的贸易逆差状态，且六类产品全部处于贸易逆差状态。从出口产品结构来看，拖拉机是越南出口贸易额最高的产品，占 2020 年当年越南主要农机产品总出口额比重高达 36.84％；其次为畜禽养殖机械，占比为 29.65％；

收获机械占比为18.89%。从进口产品贸易结构来看，畜禽养殖机械是越南进口贸易额最高的产品，占2020年当年越南主要农机产品总进口额比重为40.84%；其次为拖拉机，占比为22.42%；植保机械和收获机械也分别占到了14.73%和15.81%，耕整地机械和种植机械占比则仅为4.82%和1.38%。

表5-10 2020年越南主要农机产品进出口贸易情况

单位：千美元

类别	出口额	进口额
拖拉机	14 598.82	43 000.23
耕整地机械	3 242.15	9 241.25
种植机械	333.29	2 645.74
植保机械	2 217.95	28 238.52
收获机械	7 488.46	30 323.45
畜禽养殖机械	11 751.79	78 320.58
合计	39 632.47	191 769.77

数据来源：根据 UN Comtrade 数据整理得到。

三、拖拉机

拖拉机是越南进出口总额较高的大类农机产品。从拖拉机细分产品进出口贸易情况来看（表5-11），几乎均处于贸易逆差状态。从出口产品结构来看，占拖拉机出口额比重较高的依次为18千瓦及以下轮式拖拉机、18至37千瓦轮式拖拉机和单轴拖拉机，占比分别为53.88%、24.63%和17.64%。从进口产品结构来看，占拖拉机进口额比重较高的是18至37千瓦轮式拖拉机、37至75千瓦轮式拖拉机和130千瓦以上轮式拖拉机，占比分别为44.45%、25.94%和13.74%。

表5-11 2020年越南拖拉机细分产品进出口贸易情况

单位：千美元

类别	出口额	进口额
单轴拖拉机	2 574.68	3 781.23
履带式拖拉机	45.00	0
18千瓦及以下轮式拖拉机	7 865.48	1 967.72

（续）

类别	出口额	进口额
18 至 37 千瓦（含）轮式拖拉机	3 596.11	19 115.59
37 至 75 千瓦（含）轮式拖拉机	459.02	11 154.03
75 至 130 千瓦（含）轮式拖拉机	54.84	1 074.67
130 千瓦以上轮式拖拉机	3.70	5 906.98

数据来源：根据 UN Comtrade 数据整理得到。

表 5-12 展示了 2020 年越南主要拖拉机产品的主要出口目标国分布情况。可以看出，单轴拖拉机出口集中度非常高，菲律宾一国就占到了 77.29%。18 千瓦及以下轮式拖拉机出口地域分布方面，菲律宾占比最高，为 49.79%，排名前十的国家合计占比为 98.67%。37 至 75 千瓦轮式拖拉机出口集中度相对较高，美国、荷兰和澳大利亚占比分别为 36.40%、30.38% 和 17.66%。综合来看，越南主要拖拉机产品出口地域较为分散，菲律宾是相对重要的市场。

表 5-12　2020 年越南主要拖拉机产品主要出口目标国分布

单位：%

单轴拖拉机	占比	18 千瓦及以下轮式拖拉机	占比	37 至 75 千瓦（含）轮式拖拉机	占比
菲律宾	77.29	菲律宾	49.79	美国	36.40
柬埔寨	21.35	荷兰	21.17	荷兰	30.38
安哥拉	1.36	德国	14.25	澳大利亚	17.66
		英国	3.42	乌拉圭	6.55
		美国	3.20	英国	3.11
		西班牙	1.76	菲律宾	3.08
		意大利	1.57	中国	1.79
		澳大利亚	1.44	柬埔寨	1.04
		法国	1.17		
		比利时	0.90		

数据来源：根据 UN Comtrade 数据整理得到。

表 5-13 展示了 2020 年越南主要拖拉机产品的主要进口来源国分布情况。可以看出，18 至 37 千瓦轮式拖拉机进口集中度非常高，泰国一个国家就占到了 88.84%。37 至 75 千瓦轮式拖拉机进口地域分布方面，泰国、日本和德国占比分别为 31.64%、28.20% 和 25.48%。130 千瓦以上轮式拖拉机进口集中

度也非常高，德国占比高达 55.63％。综合来看，泰国和日本是越南主要拖拉机产品进口的最主要来源国。

表 5-13　2020 年越南主要拖拉机产品主要进口来源国分布

单位：％

18 至 37 千瓦（含）轮式拖拉机	占比	37 至 75 千瓦（含）轮式拖拉机	占比	130 千瓦以上轮式拖拉机	占比
泰国	88.84	泰国	31.64	德国	55.63
日本	8.42	日本	28.20	中国	27.70
韩国	1.12	德国	25.48	美国	7.86
印度	0.93	白俄罗斯	5.31	法国	7.44
中国	0.70	韩国	4.31	奥地利	1.38
		印度	3.11		
		法国	0.98		
		捷克	0.60		
		中国	0.22		
		意大利	0.16		

数据来源：根据 UN Comtrade 数据整理得到。

四、收获机械

收获机械是越南进出口总额较高的大类农机产品。从收获机械细分产品进出口贸易情况来看（表 5-14），所有产品均处于贸易逆差状态。从出口产品结构来看，占收获机械出口额比重较高的为联合收割机，占比为 94.99％。从进口产品结构来看，占收获机械进口额比重最高的也是联合收割机，占比为 91.95％。

表 5-14　2020 年越南收获机械细分产品进出口贸易情况

单位：千美元

类别	出口额	进口额
联合收割机	7 113.10	27 882.78
脱粒机	71.82	659.23
根茎或块茎收获机	0	179.26
其他收获机械	303.54	1 602.18

数据来源：根据 UN Comtrade 数据整理得到。

表 5-15 展示了 2020 年越南联合收割机主要出口目标国和进口来源国分布情况。可以看出，联合收割机出口集中度较高，最高的菲律宾占到了75.60%。联合收割机进口集中度也较高，最高的泰国占到了 85.12%。

表 5-15　2020 年越南联合收割机主要出口目标国和进口来源国分布

单位：%

出口目标国	占比	进口来源国	占比
菲律宾	75.60	泰国	85.12
多米尼加	13.40	日本	8.35
柬埔寨	9.59	中国	6.44
老挝	0.71	韩国	0.04
坦桑尼亚	0.70	印度尼西亚	0.04
		美国	0.00

数据来源：根据 UN Comtrade 数据整理得到。

五、畜禽养殖机械

畜禽养殖机械是越南进出口总额最高的大类农机产品。从畜禽养殖机械细分产品进出口贸易情况来看（表 5-16），各类产品均处于贸易逆差状态。从出口产品结构来看，占畜禽养殖机械出口额比重最高的是割草机，占比为94.59%。从进口产品结构来看，占畜禽养殖机械进口额比重较高的是动物饲料配制机、家禽饲养机械和割草机，占比分别为 37.35%、23.74% 和20.76%。其中，越南动物饲料配制机进口规模占全世界的 3.34%，位居世界第八；家禽孵卵器及育雏器进口规模占全世界的 4.52%，位居世界第六。

表 5-16　2020 年越南畜禽养殖机械细分产品进出口贸易情况

单位：千美元

类别	出口额	进口额
挤奶机	4.35	1 142.05
动物饲料配制机	0	29 256.09
家禽孵卵器及育雏器	2.49	10 402.05
家禽饲养机械	288.71	18 590.01
割草机	11 116.52	16 262.92
饲草收获机	75.52	196.88
打捆机	264.21	2 470.58

数据来源：根据 UN Comtrade 数据整理得到。

表 5 - 17 展示了 2020 年越南割草机的主要出口目标国分布情况。可以看出，割草机出口集中度非常高，占比最高的德国为 90.74%。

表 5 - 17 2020 年越南割草机主要出口目标国分布

单位:%

国家	占比
德国	90.74
法国	2.98
美国	2.97
英国	2.27
西班牙	0.50
罗马尼亚	0.36
瑞典	0.08
奥地利	0.05
捷克	0.04
瑞士	0.02

数据来源：根据 UN Comtrade 数据整理得到。

表 5 - 18 展示了 2020 年越南主要畜禽养殖机械产品的主要进口来源地分布情况。可以看出，动物饲料配制机进口集中度非常高，最高的中国占比为77.47%。家禽饲养机械进口地域分布方面，进口自马来西亚的占比为63.06%，中国紧随其后，占比为 20.74%。割草机进口集中度也非常高，中国占比高达 77.71%。综合来看，中国是越南主要畜禽养殖机械产品的第一进口来源国。

表 5 - 18 2020 年越南主要畜禽养殖机械产品主要进口来源地分布

单位:%

动物饲料配制机	占比	家禽饲养机械	占比	割草机	占比
中国	77.47	马来西亚	63.06	中国	77.71
丹麦	4.04	中国	20.74	日本	12.42
荷兰	3.00	土耳其	7.75	泰国	9.17
奥地利	2.78	泰国	3.66	亚洲其他地区	0.41
美国	2.71	法国	1.23	瑞典	0.16

（续）

动物饲料配制机	占比	家禽饲养机械	占比	割草机	占比
德国	2.61	比利时	1.03	意大利	0.08
韩国	1.96	美国	1.00	印度	0.02
法国	1.60	荷兰	0.41	白俄罗斯	0.02
泰国	1.28	意大利	0.36	美国	0.01
波兰	0.84	以色列	0.34	土耳其	0.01

数据来源：根据 UN Comtrade 数据整理得到。

小　结

（1）**越南是农业大国，主要以种植水稻、玉米、天然橡胶、咖啡和木薯，以及养猪和鸡为主；农业生产发展较快，农户经营规模较小。**

越南是农业大国。水稻、玉米、天然橡胶、咖啡和木薯是越南主要种植的农作物。收获面积方面，2020 年天然橡胶收获面积位居世界第五，水稻和咖啡收获面积均位居世界第六，腰果和椰子收获面积均位居世界第八。作物产量方面，咖啡、天然橡胶、水稻、椰子、木薯和甜菜分别位居世界第二、第三、第五、第六、第七和第十。猪和鸡为越南主要养殖的畜禽种类，2020 年末生猪和水牛存栏量位居世界第七，鸡存栏量位居世界第十，猪肉产量位居世界第七。越南农业生产发展较快，近年来农业增加值呈持续上升趋势，占东南亚农业增加值的比例近期呈波动上升趋势，占全国 GDP 比例波动下降到 15% 左右。农户平均经营规模不足 1 公顷。

（2）**越南整体农业机械化发展水平较低，第一产业从业人数占全社会从业人数比例持续下降，主要农机保有量增长迅速。**

越南政府对农业机械化较为重视，近年来也取得了积极成效，尤其水稻、甘蔗等重点作物生产机械化发展较快，但整体水平依然较低。第一产业从业人数占全社会从业人数的比例呈波动下降趋势，2018 年开始下降到 40% 以下。拖拉机等主要农业机械保有量增长迅速。

（3）**越南农机贸易以进口为主，进出口集中度均较高。**

越南农机市场潜力较大。主要农机产品整体上处于贸易逆差状态，主要进出口产品为拖拉机、收获机械和畜禽养殖机械。出口方面，细分产品以单轴拖拉机、18 千瓦及以下轮式拖拉机、37 至 75 千瓦轮式拖拉机、联合收割机和割草机为主；出口集中度非常高，尤其对于大部分细分产品来讲单一国家占比极高，菲律宾是越南主要拖拉机和收获机械出口的主力市场。进口方面，细分产品以 18 至 37 千瓦轮式拖拉机、37 至 75 千瓦轮式拖拉机、130 千瓦以上轮式拖拉机、联合收割机、动物饲料配制机、家禽饲养机械和割草机为主，进口集中度一般较高；泰国和日本是越南主要拖拉机产品和联合收割机进口的最主要来源国，中国是越南主要畜禽养殖机械产品的第一进口来源国。

第六章　柬埔寨

柬埔寨位于中南半岛南部，与越南、泰国和老挝毗邻。柬埔寨人口约为1 600 万，国土面积约为 18 万平方千米，其中耕地面积约为 630 万公顷。

第一节　农业发展情况

一、农业生产概况

作为传统农业国家，农业是柬埔寨"四大"经济支柱之一。柬埔寨土地肥沃，日照充足，雨量充沛，天然绿地广阔，自然条件优越，土壤、空气、水质等都符合农作物的安全生产，工业污染很少，具有发展农业的较强比较优势。但农业生产在很大程度上受气候条件的影响，以雨养农业为主。

从农作物的收获面积情况来看（表 6-1），柬埔寨以种植水稻、天然橡胶、木薯、玉米和大豆等为主，只有水稻常年种植面积在百万公顷以上。其中，2020 年柬埔寨水稻收获面积为 291.74 万公顷，约占世界总收获面积的1.78%、占东南亚总收获面积的 6.62%；天然橡胶收获面积为 31.09 万公顷，位居世界第十，约占世界总收获面积的 2.43%、占东南亚总收获面积的3.22%。另外，木薯收获面积为 25.48 万公顷，约占东南亚总收获面积的7.83%；大豆收获面积为 11.00 万公顷，约占东南亚总收获面积的 10.92%。

表 6-1　柬埔寨历年主要农作物收获面积

单位：万公顷

类别	2016 年	2017 年	2018 年	2019 年	2020 年
水稻	288.94	297.22	303.61	296.45	291.74
天然橡胶	12.70	17.02	20.19	25.40	31.09
木薯	27.55	25.92	26.29	25.60	25.48
玉米	13.40	14.59	23.86	16.90	17.51
大豆	10.20	10.40	10.50	10.40	11.00

数据来源：联合国粮农组织。

从农作物的产量情况来看（表6-2），柬埔寨基本稳定在前五位的作物是水稻、木薯、甘蔗、玉米和天然橡胶，水稻、木薯和甘蔗是总产量稳居前三位且常年产量在百万吨以上的农作物。其中，2020年柬埔寨水稻产量为1 096.00万吨，位居世界第十，约占世界总产量的1.45%、占东南亚总产量的5.80%；木薯产量为766.35万吨，位居世界第九，约占世界总产量的2.53%、占东南亚总产量的10.70%；甘蔗产量为212.32万吨，约占东南亚总产量的1.37%。另外，天然橡胶产量为34.93万吨，位居世界第十，约占世界总产量的2.35%、占东南亚总产量的3.18%。

表6-2　柬埔寨历年主要农作物产量

单位：万吨

类别	2016 年	2017 年	2018 年	2019 年	2020 年
水稻	995.20	1 051.80	1 089.20	1 088.60	1 096.00
木薯	750.00	750.00	750.00	750.00	766.35
甘蔗	202.05	221.70	230.20	222.00	212.32
玉米	66.30	75.00	123.20	89.50	95.00
天然橡胶	14.52	19.33	22.01	44.50	34.93

数据来源：联合国粮农组织。

柬埔寨畜牧业主要以养牛、猪和鸡为主（表6-3）。其中，2020年末柬埔寨黄牛存栏量为280.42万头，约占东南亚总存栏量的5.04%；生猪存栏量为190.20万头，约占东南亚总存栏量的2.40%；水牛存栏量为63.99万头，约占东南亚总存栏量的4.73%；鸡存栏量为1 247.20万只，约占东南亚总存栏量的0.24%。

表6-3　柬埔寨历年主要畜禽存栏量

单位：万头、万只

类别	2016 年	2017 年	2018 年	2019 年	2020 年
黄牛	288.14	285.39	279.67	276.19	280.42
生猪	217.13	213.13	206.04	198.16	190.20
水牛	68.06	64.86	66.50	65.36	63.99
鸡	1 312.40	1 315.20	1 320.00	1 320.00	1 247.20

数据来源：联合国粮农组织。

从主要畜禽产品的产量来看（表6-4），柬埔寨主要产出与猪、牛和鸡相关的产品，但是产量均非常低。

表6-4　柬埔寨历年主要畜禽产品产量

单位：万吨

类别	2016 年	2017 年	2018 年	2019 年	2020 年
猪肉	11.14	10.19	9.30	9.30	9.32
牛肉	5.60	5.58	5.50	5.47	5.43
牛奶	2.41	2.44	2.41	2.39	2.41
鸡蛋	1.87	1.95	1.87	1.87	1.90

数据来源：联合国粮农组织。

二、农业发展水平

柬埔寨农业增加值的绝对规模不是特别大。从柬埔寨农业增加值的变化来看（图6-1），1970 年至 2020 年间总体上呈波动上升的总趋势，从 2005 年开始增长尤为迅速。总体上由 1970 年的 3.65 亿美元增长到了 2020 年的 57.76 亿美元，也是这期间的峰值。

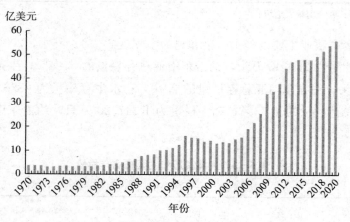

图6-1　柬埔寨历年农业增加值变化情况

数据来源：联合国粮农组织。

柬埔寨农业增加值占东南亚农业增加值的比例基本稳定且非常低（图6-2），基本上在 1% 至 3% 之间，极个别年份不到 1%。柬埔寨农业增加值占全国 GDP 的变化则呈现出三阶段发展趋势，总体上由 1970 年的 47.58% 下降到了 2020 年的 22.84%。第一个阶段是 1970 年至 1990 年，这段时期基本上在 48% 左右波动但幅度不大，较为稳定，1990 年达到 50%；第二个阶段是 1991 年至 2011 年，这段时期显示出了较为明显的波动下降趋势；第三个阶段是 2012 年至 2020 年，这段时期几乎持续下降至 2020 年的 22.84%，但依然占比较高。

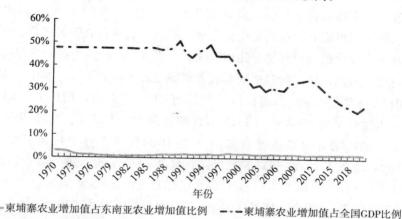

图 6-2　历年柬埔寨农业增加值占东南亚农业增加值和全国 GDP 比例情况

数据来源：根据联合国粮农组织数据计算得到。

三、农业经营规模

2013 年柬埔寨农业普查表明，柬埔寨共有农户 212.91 万户，总经营面积为 330.47 万公顷，平均经营规模为 1.55 公顷。从农户分布情况可以看出（表 6-5），经营规模不足 1 公顷的农户数量占比高达 47%，不足 4 公顷的农户数量累计占比高达 92%。

表 6-5　柬埔寨 2013 年不同经营规模的农户数量分布情况

单位:%

经营规模	农户数量占比
0.03～0.99 公顷	47.0
1.00～3.99 公顷	45.0
4～9.99 公顷	7.0
10～19.99 公顷	1.0
20～49.99 公顷	0.2
50 公顷以上	0.4

数据来源：柬埔寨 2013 年农业普查。

第二节　农机化发展分析

水稻是柬埔寨最重要的农作物，柬埔寨农业机械化发展也主要是围绕水稻生产进行。柬埔寨农业机械化发展起步较晚，自 20 世纪 90 年代以来发展迅速，取得了积极成效，特别是在耕整地、灌溉、脱粒和收获等环节。从近年来柬埔寨主要农业机械保有量变化情况来看（表 6-6），各类机械均呈持续快速增长趋势。可见，这一阶段柬埔寨农业机械化发展较为迅速。其中，拖拉机保有量由 2003 年的 3 310 台增长到了 2015 年的 1.20 万台，增长了 2.61 倍；机动耕耘机保有量由 2003 年的 1.37 万台增长到了 2015 年的 22.87 万台，增长了 15.70 倍；联合收割机保有量由 2006 年的仅 325 台增长到了 2015 年的 5 519 台，增长了 15.98 倍；脱粒机保有量由 2003 年的 4 967 台增长到了 2015 年的 1.82 万台，增长了 2.67 倍；碾米机保有量由 2003 年的 3.29 万台增长到了 2015 年的 5.41 万台，增长了 0.64 倍；水泵保有量由 2003 年的 9.99 万台增长到了 2015 年的 32.70 万台，增长了 2.27 倍。

表 6-6　柬埔寨主要农业机械保有量变化情况

单位：台

年份	拖拉机	机动耕耘机	联合收割机	脱粒机	碾米机	水泵
2003	3 310	13 693	—	4 967	32 945	99 875
2004	3 857	20 279	—	6 220	36 531	106 569
2005	4 166	26 504	—	7 338	38 606	120 968
2006	4 247	29 706	325	7 795	38 618	127 610
2007	4 475	34 639	395	8 036	38 680	131 702
2008	4 611	38 912	430	8 237	39 429	136 061
2009	5 495	53 220	836	13 798	47 620	164 974
2010	6 200	66 548	947	14 390	48 217	166 633
2011	6 786	77 421	1 548	15 210	48 753	183 502
2012	8 961	128 806	4 820	16 146	54 328	231 942
2013	9 467	151 701	4 580	17 542	55 270	255 954
2014	11 940	228 456	5 503	17 532	54 062	326 832
2015	11 960	228 659	5 519	18 210	54 052	327 010

数据来源：柬埔寨农林渔业部。

目前，柬埔寨主要农作物生产的耕整地、施药、除草、收获、脱粒和碾米等环节已经基本上实现了机械对人畜力的替代。但是，有些区域仍然采用畜力作业，尤其是那些基础设施不完备的经营规模不足 0.5 公顷的农田等。插秧、施肥等作业环节还主要以人工作业为主，主要是因为机械化难度较大且进口机具本地适应性不足等。近年来，柬埔寨政府开始推进直播机的使用以改进播种效率，同时也开始推进水稻插秧机的应用，但成效尚不明显。动力耕耘机在全国已经得到广泛应用，大型拖拉机则主要应用在橡胶、木薯和甘蔗等生产过程中。由于面临劳动力短缺等问题，预期柬埔寨对农业机械化的需求还将会更加旺盛。

从第一产业从业人数占全社会从业人数的比例变化情况来看（图 6 - 3），可以发现总体呈持续下降趋势。1991 年时柬埔寨第一产业从业人数占全社会从业人数的比例就高达 78.10％，1994 年时达到 78.80％的区间峰值，2001 年开始均未超过 70％，2007 年之后均未超过 60％，2013 年之后均未超过 50％，2016 年开始稳定在 40％以下，2019 年为 34.50％，但依然占比较高。

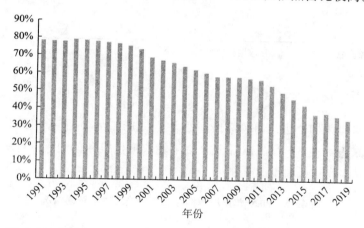

图 6 - 3　柬埔寨历年第一产业从业人数占全社会从业人数比例情况
数据来源：联合国粮农组织。

第三节　农机贸易情况分析

一、主要农机产品

从进出口贸易情况来看（表 6 - 7），2020 年柬埔寨主要农机产品整体上处于绝对的贸易逆差状态。从出口产品结构来看，畜禽养殖机械是柬埔寨出口贸易额最高的产品，占 2020 年当年柬埔寨主要农机产品总出口额比重高达 86.28%。从进口产品贸易结构来看，拖拉机是柬埔寨进口贸易额最高的产品，占 2020 年当年柬埔寨主要农机产品总进口额比重为 59.93%；其次是收获机械，占比为 26.07%；其他各类产品占比均不超过 10%，耕整地机械、种植机械、植保机械和畜禽养殖机械占比分别为 7.74%、0.16%、3.58% 和 2.52%。

表 6-7　2020 年柬埔寨主要农机产品进出口贸易情况

单位：千美元

类别	出口额	进口额
拖拉机	125.31	120 677.01
耕整地机械	18.66	15 585.55
种植机械	30.00	323.79
植保机械	0	7 199.61
收获机械	0	52 502.88
畜禽养殖机械	1 094.33	5 071.10
合计	1 268.30	201 359.94

数据来源：根据 UN Comtrade 数据整理得到。

二、拖拉机

拖拉机是柬埔寨进出口总额最高的大类农机产品。从拖拉机细分产品进口贸易情况来看（表 6-8），18 千瓦及以下轮式拖拉机和单轴拖拉机所占比重较高，分别为 74.62% 和 11.07%。

表 6-8　2020 年柬埔寨拖拉机细分产品进口贸易情况

单位：千美元

类别	进口额
单轴拖拉机	13 359.22
履带式拖拉机	0
18 千瓦及以下轮式拖拉机	90 046.95
18 至 37 千瓦（含）轮式拖拉机	926.46
37 至 75 千瓦（含）轮式拖拉机	6 635.82
75 至 130 千瓦（含）轮式拖拉机	1 929.80
130 千瓦以上轮式拖拉机	7 778.75

数据来源：根据 UN Comtrade 数据整理得到。

　　表6-9展示了2020年柬埔寨主要拖拉机产品的主要进口来源国分布情况。可以看出，单轴拖拉机进口集中度非常高，泰国占比最高，为90.56％。18千瓦及以下轮式拖拉机进口集中度也非常高，同样是泰国占比最高，为97.34％。可见，泰国是柬埔寨主要拖拉机产品进口的第一来源国。

表6-9　2020年柬埔寨主要拖拉机产品主要进口来源国分布

单位：％

单轴拖拉机	占比	18千瓦及以下轮式拖拉机	占比
泰国	90.56	泰国	97.34
日本	2.54	日本	2.15
中国	4.08	中国	0.24
印度尼西亚	2.50	英国	0.10
韩国	0.19	印度	0.07
美国	0.04	白俄罗斯	0.07
俄罗斯	0.08	美国	0.02
新加坡	0.01	韩国	0.01
		加拿大	0.00

数据来源：根据 UN Comtrade 数据整理得到。

三、收获机械

　　收获机械是柬埔寨进口额较高的大类农机产品。从收获机械细分产品进口贸易情况来看（表6-10），联合收割机占比最高，为99.68％。

表6-10　2020年柬埔寨收获机械细分产品进口贸易情况

单位：千美元

类别	进口额
联合收割机	52 337.48
脱粒机	24.63
根茎或块茎收获机	37.98
其他收获机械	102.78

数据来源：根据 UN Comtrade 数据整理得到。

表 6－11 展示了 2020 年柬埔寨联合收割机主要进口来源国分布情况。可以看出，联合收割机进口来源国高度集中，泰国一国占比就高达 97.19％，是第一进口来源国。

表 6－11　2020 年柬埔寨联合收割机主要进口来源国分布

单位：％

国家	占比
泰国	97.19
中国	1.43
越南	1.24
印度尼西亚	0.08
日本	0.04
韩国	0.01

数据来源：根据 UN Comtrade 数据整理得到。

小　　结

（1）柬埔寨是传统农业国家，主要以种植水稻、天然橡胶、木薯、玉米和大豆，以及养牛、猪和鸡为主；农业生产发展较快，农户经营规模较小。

柬埔寨是传统农业国家。水稻、天然橡胶、木薯、玉米和大豆是柬埔寨主要种植的农作物。收获面积方面，2020 年天然橡胶收获面积位居世界第十。作物产量方面，木薯产量位居世界第九，水稻和天然橡胶产量均位居世界第十。牛、猪和鸡为越南主要养殖的畜禽种类。柬埔寨农业生产发展较快，近年来农业增加值呈波动上升趋势，占东南亚农业增加值的比例基本稳定，占全国GDP 比例波动下降到 20％左右。农户平均经营规模较小。

（2）柬埔寨农业机械化起步晚、发展快，主要农机保有量增长迅速，第一产业从业人数占全社会从业人数比例持续下降。

柬埔寨农业机械化发展起步较晚，但近年来发展较为迅速，主要农作物生产的耕整地、施药、除草、收获、脱粒和碾米等环节已经基本上实现了机械对人畜力的替代，但整体水平依然较低。拖拉机等主要农业机械保有量增长迅速。第一产业从业人数占全社会从业人数的比例呈持续下降趋势，2016 年开始稳定在 40％以下，但依然占比较高。

（3）柬埔寨农机贸易以进口为主，进口集中度较高。

柬埔寨主要农机产品整体上处于贸易逆差状态，主要进口产品为拖拉机和收获机械，细分产品以单轴拖拉机、18千瓦及以下轮式拖拉机和联合收割机为主，进口集中度非常高，单一国家占比均在90%以上；泰国是柬埔寨主要拖拉机产品和联合收割机的主要进口来源国。

第七章 老 挝

老挝是位于中南半岛北部的内陆国家，北邻中国，南接柬埔寨，东临越南，西北达缅甸，西南毗连泰国。老挝人口约为727万，国土面积约为23.68万平方千米，其中耕地面积约为800万公顷。

第一节 农业发展情况

一、农业生产概况

作为东南亚唯一的内陆国家，老挝农业资源非常丰富，但低投入、低产出、低风险的传统耕作方式导致老挝农业的单位面积产量在东南亚各国中是最低的，老挝优越的农业生产条件未能得到有效开发，土地利用率极低。从广义上看，老挝主要划分为两大农业系统，即湄公河流域平原（及其支流）低地雨养（或灌溉）农业系统和高地农业系统；三大农业生产区，即北部（7个省市）、中部（6个省市）和南部生产区（4个省）；另外，该国南部的波罗芬高原种植园艺作物以及咖啡可独立作为一个小系统。中部地区是老挝农业发展水平最高的区域，该地区的农业机械化水平全国最高。

从农作物的收获面积情况来看（表7-1），老挝以种植水稻、玉米和其他根茎类作物为主，但收获面积均不高。其中，2020年老挝水稻收获面积为82.12万公顷，仅占东南亚总收获面积的1.86%；玉米收获面积为20.00万公顷，仅占东南亚总收获面积的2.11%；其他根茎类作物收获面积为13.35万公顷，位居世界第一，约占世界总收获面积的18.37%、占东南亚总收获面积的53.69%。

从农作物的产量情况来看（表7-2），老挝基本稳定在前五位的作物是水稻、其他根茎类作物、木薯、甘蔗和玉米，产量基本稳定在百万吨以上。其中，2020年水稻产量为368.73万吨，约占东南亚总产量的1.95%；其他根茎类作物产量为358.27万吨，位居世界第一，约占世界总产量的42.98%、占东南亚总产量的81.27%；木薯产量为311.56万吨，约占东南亚总产量的

4.35%；玉米产量为 115.00 万吨，约占东南亚总产量的 2.60%。

表 7-1　老挝历年主要农作物收获面积

单位：万公顷

类别	2016 年	2017 年	2018 年	2019 年	2020 年
水稻	97.33	95.61	84.82	80.72	82.12
玉米	25.89	20.72	16.56	15.17	20.00
其他根茎类作物	10.28	9.04	11.59	12.24	13.35

数据来源：联合国粮农组织。

表 7-2　老挝历年主要农作物产量

单位：万吨

类别	2016 年	2017 年	2018 年	2019 年	2020 年
水稻	414.88	403.98	358.47	353.45	368.73
其他根茎类作物	279.72	232.27	295.69	320.33	358.27
木薯	241.00	227.71	227.90	231.38	311.56
甘蔗	201.90	176.44	183.45	149.05	145.00
玉米	155.24	94.68	98.17	79.36	115.00

数据来源：联合国粮农组织。

老挝畜牧业主要以养猪、牛和鸡为主（表 7-3）。其中，2020 年末老挝生猪存栏量为 429.80 万头，约占东南亚总存栏量的 5.43%；黄牛存栏量为 218.80 万头，约占东南亚总存栏量的 3.93%；水牛存栏量为 123.40 万头，仅占东南亚总存栏量的 9.12%；山羊存栏量为 68.20 万头，约占东南亚总存栏量的 1.82%；鸡存栏量为 4 662.40 万只，仅占东南亚总存栏量的 0.90%。

表 7-3　老挝历年主要畜禽存栏量

单位：万头、万只

类别	2016 年	2017 年	2018 年	2019 年	2020 年
生猪	370.00	386.90	382.47	411.50	429.80
黄牛	192.30	198.40	204.09	211.00	218.80
水牛	117.70	118.90	120.00	122.20	123.40
山羊	56.00	58.80	61.63	64.70	68.20
鸡	3 515.00	3 696.00	3 921.80	4 360.00	4 662.40

数据来源：联合国粮农组织。

从主要畜禽产品的产量来看（表7-4），产量均较低。其中，2020年猪肉产量为9.76万吨，约占东南亚总产量的1.26%；牛肉产量为3.74万吨，约占东南亚总产量的2.19%；鸡肉产量为3.57万吨，仅占东南亚总产量的0.32%。

表7-4 老挝历年主要畜禽产品产量

单位：万吨

类别	2016年	2017年	2018年	2019年	2020年
猪肉	8.36	8.77	8.63	9.31	9.76
牛肉	3.29	3.39	3.48	3.60	3.74
鸡肉	2.69	2.83	3.00	3.34	3.57

数据来源：联合国粮农组织。

二、农业发展水平

老挝农业增加值绝对值相对较低。从老挝农业增加值的变化来看（图7-1），1970至2020年间总体上呈两阶段波动上升趋势，且增长幅度非常大。总体上由1970年的0.49亿美元增长到了2020年的31.51亿美元，也是这期间的峰值。

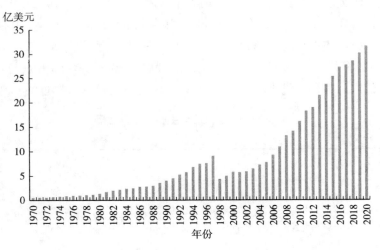

图7-1 老挝历年农业增加值变化情况

数据来源：联合国粮农组织。

　　老挝农业增加值占东南亚农业增加值的比例非常低且较为稳定（图7-2），总体上看均在1‰以下，波动不大。但是，老挝农业增加值占全国 GDP 的变化则呈现出三阶段发展趋势。第一阶段是 1970 年至 1987 年，基本稳定在 42％左右；第二阶段是 1988 年至 1997 年，波动上升至峰值，即 1997 年的 49.78％；第三阶段是 1998 年至 2020 年，呈直线下降趋势，2020 年为 16.51％。

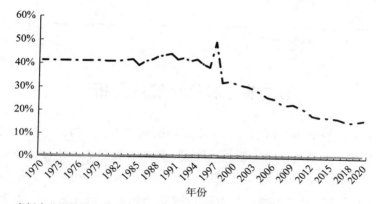

图7-2　历年老挝农业增加值占东南亚农业增加值和全国 GDP 比例情况

数据来源：根据联合国粮农组织数据计算得到。

三、农业经营规模

　　从农户数量和经营规模来看（表7-5），老挝农户数量从 1998/1999 年度的 66.8 万户增长到了 2019/2020 年度的 85.1 万户，增幅达到了 27.40％；平均经营规模出现了先升后降的趋势，2019/2020 年度户均经营规模为 1.83 公顷。

表7-5　老挝农户数量和规模情况

类别	1998/1999	2010/2011	2019/2020
数量（千户）	668	783	851
总土地规模（千公顷）	976	1 623	1 559
平均经营规模（公顷）	1.60	2.40	1.83

数据来源：老挝历次农业普查。

　　从农户经营规模来看（表7-6），可以发现老挝以小农户居多，但占比在不断下降；2 公顷以上的农户在 2010/2011 年度占比达到了 46％。

表 7 - 6　老挝不同经营规模农户数量占比情况

单位:%

经营规模	1998/1999	2010/2011
1 公顷以下	36	22
1～2 公顷	36	32
2 公顷以上	27	46

数据来源：老挝历次农业普查。

第二节　农机化发展分析

老挝农业机械化历史可划分为两个不同时期。第一个时期是推动农业机械化向农民集体生产推进。为支持这一进程，政府在促进农业机械化方面发挥了重要作用。1980 年，农林部（MAF）直属的农业机械化司成立。但是，到了1989 年，由于农机利用不足、政府扶持资金不足、农机化人力资源匮乏等原因，该司职能处于虚化状态。由此进入第二个时期，2001 年，政府决定成立全国农林推广服务部（NAFES），旨在加速研究成果在农民生产中的应用，强化推广工作，然而 NAFES 在农业机械化中的作用并没有明确界定。2012 年，该机构更名为农业推广与合作部（DAEC），其角色和职责也被重新定义。在DAEC 下，成立了农业技术和机械化促进司，旨在促进农民团体和农业合作社获得农业机械化相关服务，为农民和地方政府官员提供培训，展示、使用农业机械和技术。至此，相关机械化技术应用更为广泛，老挝农业机械化发展也开始加速，小型手扶拖拉机、37 至 95 马力的大中型拖拉机、插秧机、收割机、烘干机和碾米机等已经在农业生产中发挥着重要作用。从老挝拖拉机和水泵的拥有和使用情况来看（表 7 - 7），两轮拖拉机的拥有和使用比例都在不断提升，也表明老挝农业机械化在快速发展。

表 7 - 7　老挝主要农业机械拥有和使用农户占比情况

单位:%

类别	1998/1999	2010/2011
拥有两轮拖拉机	7	34
使用两轮拖拉机	20	61

（续）

类别	1998/1999	2010/2011
拥有水泵	2	2
使用水泵	4	4

数据来源：老挝历次农业普查。

从第一产业从业人数占全社会从业人数的比例变化情况来看（图 7-3），可以发现总体呈持续下降趋势。1991 年时老挝第一产业从业人数占全社会从业人数的比例就高达 86.80%，2003 年开始均未超过 80%，2012 年之后均未超过 70%，2019 年为 61.40%，依然占比非常高。

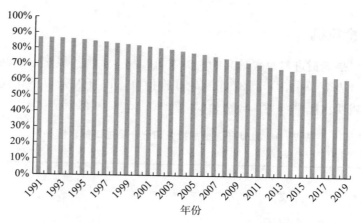

图 7-3 老挝历年第一产业从业人数占全社会从业人数比例情况
数据来源：联合国粮农组织。

第三节 农机贸易情况分析

一、主要农机产品

从进出口贸易情况来看（表 7-8），2020 年老挝主要农机产品贸易均处于绝对贸易逆差状态。从进口产品贸易结构来看，拖拉机是老挝进口贸易额最高的产品，占 2020 年老挝主要农机产品总进口额比重为 68.99%；其次是收获机械，占比为 13.60%；其他各类产品占比均不超过 10%，耕整地机械、种植机械、植保机械和畜禽养殖机械占比分别为 6.01%、0.63%、7.96% 和 2.81%。

表7-8 2020年老挝主要农机产品进出口贸易情况

单位：千美元

类别	出口额	进口额
拖拉机	0	15 634.28
耕整地机械	0	1 362.08
种植机械	0	142.87
植保机械	21.00	1 804.51
收获机械	0	3 081.06
畜禽养殖机械	0.35	635.88
合计	21.35	22 660.67

数据来源：根据 UN Comtrade 数据整理得到。

二、拖拉机

拖拉机是老挝进口总额最高的大类农机产品。从拖拉机细分产品进口贸易情况来看（表7-9），18至37千瓦轮式拖拉机、18千瓦及以下轮式拖拉机和单轴拖拉机所占比重较高，分别为38.70%、25.44%和25.35%。

表7-9 2020年老挝拖拉机细分产品进口贸易情况

单位：千美元

类别	进口额
单轴拖拉机	3 963.92
履带式拖拉机	2.70
18千瓦及以下轮式拖拉机	3 977.12
18至37千瓦（含）轮式拖拉机	6 050.20
37至75千瓦（含）轮式拖拉机	854.32
75至130千瓦（含）轮式拖拉机	94.60
130千瓦以上轮式拖拉机	691.41

数据来源：根据 UN Comtrade 数据整理得到。

表7-10展示了2020年老挝主要拖拉机产品的主要进口来源国分布情况。可以看出，单轴拖拉机进口集中度非常高，芬兰和泰国占比分别为63.63%和23.52%。18千瓦及以下轮式拖拉机进口地域分布方面，泰国和日本占比分别为66.87%和30.53%。18至37千瓦轮式拖拉机进口集中度也非常高，最高的泰国占比为93.41%。可见，泰国是老挝主要拖拉机产品的第一进口来源国。

表 7 - 10　2020 年老挝主要拖拉机产品主要进口来源国分布

单位:%

单轴拖拉机	占比	18 千瓦及以下轮式拖拉机	占比	18 至 37 千瓦（含）轮式拖拉机	占比
芬兰	63.63	泰国	66.87	泰国	93.41
泰国	23.52	日本	30.53	日本	5.62
日本	6.42	中国	2.00	中国	0.97
中国	6.02	越南	0.60		
越南	0.41				

数据来源：根据 UN Comtrade 数据整理得到。

三、收获机械

收获机械是老挝进口额较高的大类农机产品。从收获机械细分产品进口贸易情况来看（表 7 - 11），联合收割机占比最高为 92.64％。

表 7 - 11　2020 年老挝收获机械细分产品进口贸易情况

单位：千美元

类别	进口额
联合收割机	2 854.28
脱粒机	110.81
根茎或块茎收获机	4.74
其他收获机械	111.23

数据来源：根据 UN Comtrade 数据整理得到。

表 7 - 12 展示了 2020 年老挝联合收割机主要进口来源国分布情况。可以看出，联合收割机进口来源国高度集中，泰国一国占比就高达 97.68％，是第一进口来源国。

表 7 - 12　2020 年老挝联合收割机主要进口来源国分布

单位:%

国家	占比
泰国	97.68
中国	1.93

（续）

国家	占比
越南	0.29
日本	0.11

数据来源：根据 UN Comtrade 数据整理得到。

小　　结

（1）老挝是传统农业国家，主要以种植水稻、玉米和其他根茎类作物，以及养猪、牛和鸡为主；农业生产规模较小，农户经营规模较小。

老挝是传统农业国家。水稻、玉米和其他根茎类作物是老挝主要种植的农作物。2020 年其他根茎类作物收获面积和产量均位居世界第一。猪、牛和鸡为老挝主要养殖的畜禽种类。老挝农业生产规模较小，近年来农业增加值呈波动上升趋势，占东南亚农业增加值的比例非常低且基本稳定，占全国 GDP 比例波动下降到 16％左右。农户平均经营规模在 2 公顷左右。

（2）老挝农业机械化发展加快，拖拉机保有量和使用农户比例增长迅速，第一产业从业人数占全社会从业人数比例持续下降。

近年来，老挝农业机械化发展加快，拖拉机保有量和使用农户比例增长迅速，但整体水平依然较低。第一产业从业人数占全社会从业人数的比例呈持续下降趋势，2019 年为 61.40％，但依然占比非常高。

（3）老挝农机贸易以进口为主，进口集中度较高。

老挝主要农机产品整体上处于贸易逆差状态，主要进口产品为拖拉机和收获机械，细分产品以单轴拖拉机、18 千瓦及以下轮式拖拉机、18 至 37 千瓦轮式拖拉机和联合收割机为主，进口集中度较高，单一国家占比均在 60％以上；泰国是老挝主要拖拉机产品和联合收割机的主要进口来源国。

第八章 菲律宾

菲律宾位于亚洲东南部，北隔巴士海峡与中国台湾遥遥相对，南和西南隔苏拉威西海、巴拉巴克海峡与印度尼西亚、马来西亚相望，西濒南中国海，东临太平洋。共有大小岛屿 7 000 多个，其中吕宋岛、棉兰老岛、萨马岛等 11 个主要岛屿占全国总面积的 96%。菲律宾人口约为 1.1 亿，国土面积约为 29.97 万平方千米，其中耕地面积约为 1 400 万公顷。

第一节　农业发展情况

一、农业生产概况

菲律宾属季风型热带雨林气候，高温多雨，湿度大，台风多。菲律宾是个农业大国，但由于基础设施落后、资金技术匮乏，菲律宾农业还未摆脱"靠天吃饭"的阶段，粮食自给的目标也尚未实现。

从农作物的收获面积情况来看（表 8-1），菲律宾以种植水稻、椰子和玉米等为主，且这三类作物稳居菲律宾农作物收获面积前列，收获面积均在百万公顷以上。其中，2020 年菲律宾水稻收获面积为 471.89 万公顷，位居世界第九，约占世界总收获面积的 2.87%、占东南亚总收获面积的 10.71%；椰子收获面积为 365.13 万公顷，位居世界第一，约占世界总收获面积的 31.54%、占东南亚总收获面积的 53.23%；玉米收获面积为 255.38 万公顷，约占东南亚总收获面积的 26.91%；甘蔗收获面积为 39.91 万公顷，位居世界第九，约占世界总收获面积的 1.51%、占东南亚总收获面积的 12.72%；其他热带水果收获面积为 37.34 万公顷，位居世界第四，约占世界总收获面积的 11.23%、占东南亚总收获面积的 35.91%；大蕉收获面积为 26.36 万公顷，位居世界第九，约占世界总收获面积的 4.04%、占东南亚总收获面积的 72.07%；天然橡胶收获面积为 23.07 万公顷，约占东南亚总收获面积的 2.39%；杧果、山竹、番石榴收获面积为 19.51 万公顷，位居世界第六，约占世界总收获面积的 3.53%、占东南亚总收获面积的 24.29%；香蕉收获面积为 18.76 万公顷，位居世界第六，约占世界总收获面积的 3.61%、占东南亚总收获面积的 30.21%。

表 8-1 菲律宾历年主要农作物收获面积

单位：万公顷

类别	2016 年	2017 年	2018 年	2019 年	2020 年
水稻	455.60	481.18	480.04	465.15	471.89
椰子	356.51	361.23	362.81	365.19	365.13
玉米	248.45	255.26	251.14	251.67	255.38
甘蔗	41.01	43.75	43.75	37.93	39.91
大蕉	26.10	26.32	26.36	26.31	26.36
天然橡胶	22.98	23.45	22.89	22.94	23.07
木薯	22.33	22.63	22.76	22.24	21.93
杧果、山竹、番石榴	19.60	19.44	19.43	19.49	19.51
香蕉	18.18	18.35	18.42	18.59	18.76
其他热带水果	37.62	37.48	37.22	37.28	37.34

数据来源：联合国粮农组织。

从农作物的产量情况来看（表 8-2），菲律宾基本稳定在前十位的作物是甘蔗、水稻、椰子、玉米、香蕉、其他热带水果、大蕉、菠萝、木薯，以及杧果、山竹、番石榴，且甘蔗、水稻和椰子是历年总产量基本上稳居前三位的农作物，常年产量在千万吨以上。其中，2020 年甘蔗产量为 2 439.89 万吨，约占世界总产量的 1.30%、占东南亚总产量的 15.71%；水稻产量为 1 929.49 万吨，位居世界第八，约占世界总产量的 2.55%、占东南亚总产量的 10.20%；椰子产量为 1 449.09 万吨，位居世界第三，约占世界总产量的 23.55%、占东南亚总产量的 41.35%。另外，香蕉产量为 595.53 万吨，位居世界第六，约占世界总产量的 4.97%、占东南亚总产量的 31.59%；其他热带水果产量为 322.93 万吨，位居世界第三，约占世界总产量的 12.69%、占东南亚总产量的 38.52%；大蕉产量为 310.08 万吨，位居世界第五，约占世界总产量的 7.19%、占东南亚总产量的 69.49%；菠萝产量为 270.26 万吨，位居世界第一，约占世界总产量的 9.72%、占东南亚总产量的 34.81%。

菲律宾畜牧业主要以养猪、牛、羊和鸡为主（表 8-3）。其中，2020 年末菲律宾生猪存栏量为 1 279.57 万头，约占东南亚总存栏量的 16.17%；山羊存栏量为 381.35 万头，约占东南亚总存栏量的 10.16%；水牛存栏量为 286.57 万头，位居世界第六，约占世界总存栏量的 1.41%、占东南亚总存栏量的 21.18%；黄牛存栏量为 254.20 万头，约占东南亚总存栏量的 4.57%；鸡存栏量为 1.78 亿只，约占东南亚总存栏量的 3.45%。

表 8 - 2　菲律宾历年主要农作物产量

单位：万吨

类别	2016 年	2017 年	2018 年	2019 年	2020 年
甘蔗	2 237.05	2 928.69	2 473.08	2 071.93	2 439.89
水稻	1 762.72	1 927.63	1 906.61	1 881.48	1 929.49
椰子	1 382.51	1 404.91	1 472.62	1 476.51	1 449.09
玉米	721.88	791.49	777.19	797.88	811.85
香蕉	582.91	604.14	614.44	604.96	595.53
大蕉	307.45	312.50	321.44	310.81	310.08
菠萝	275.51	280.77	273.10	274.79	270.26
木薯	261.25	267.17	272.30	263.08	260.78
杧果、山竹、番石榴	82.71	74.90	72.51	75.40	75.31
其他热带水果	321.66	322.36	322.91	322.92	322.93

数据来源：联合国粮农组织。

表 8 - 3　菲律宾历年主要畜禽存栏量

单位：万头、万只

类别	2016 年	2017 年	2018 年	2019 年	2020 年
生猪	1 247.87	1 242.78	1 260.44	1 270.92	1 279.57
山羊	366.31	371.03	372.48	375.59	381.35
水牛	287.71	288.19	288.27	287.36	286.57
黄牛	255.37	254.76	255.39	253.54	254.20
鸡	17 879.30	17 531.70	17 577.20	18 637.00	17 826.50

数据来源：联合国粮农组织。

从主要畜禽产品的产量来看（表 8 - 4），产量比较高的是与猪和鸡相关的产品。其中，2020 年菲律宾猪肉产量为 149.99 万吨，约占东南亚总产量的 19.32%；鸡肉产量为 139.36 万吨，约占东南亚总产量的 12.40%；鸡蛋产量为 60.58 万吨，约占东南亚总产量的 7.30%。

表 8 - 4　菲律宾历年主要畜禽产品产量

单位：万吨

类别	2016 年	2017 年	2018 年	2019 年	2020 年
猪肉	176.33	167.72	162.38	160.77	149.99
鸡肉	124.34	128.66	141.42	148.41	139.36
鸡蛋	46.17	49.24	53.39	58.32	60.58

数据来源：联合国粮农组织。

二、农业发展水平

从菲律宾农业增加值的变化来看（图 8-1），1970 年至 2020 年间总体呈波动上升趋势，且增长幅度非常大，自 2011 年开始相对比较稳定。总体上由 1970 年的 19.92 亿美元增长到了 2020 年的 368.17 亿美元，也是这期间的峰值。

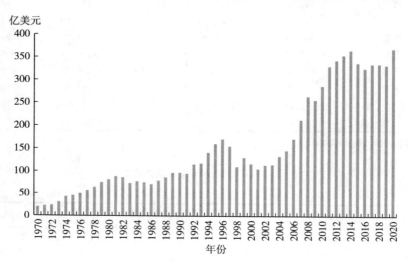

图 8-1 菲律宾历年农业增加值变化情况

数据来源：联合国粮农组织。

菲律宾农业增加值占东南亚农业增加值的比例呈波动下降趋势且较为明显（图 8-2），由 1970 年的 16.99％下降到了 2020 年的 11.53％。菲律宾农业增加值占全国 GDP 的变化同样呈现出持续下降的明显趋势，由 1970 年的 26.32％波动下降至 2020 年的 10.18％。

三、农业经营规模

从农户数量和规模情况来看（表 8-5），菲律宾呈现农户数量不断增加、总土地规模不断减少、平均经营规模不断缩小的整体趋势。其中，农户数量从 1980 年的 341 万户增长到了 2012 年的 556 万户，增幅达到了 63％；总土地规模则从 1980 年的 973 万公顷下降到了 2012 年的 730 万公顷，下降幅度达 25％；平均经营规模由 1980 年的 2.85 公顷下降到了 2012 年的 1.31 公顷，降幅高达一半以上。

图 8-2 历年菲律宾农业增加值占东南亚农业增加值和全国 GDP 比例情况
数据来源：根据联合国粮农组织数据计算得到。

表 8-5 菲律宾农户数量和规模情况

类别	1980 年	2002 年	2012 年
数量（百万户）	3.41	4.82	5.56
总土地规模（百万公顷）	9.73	9.67	7.30
平均经营规模（公顷）	2.85	2.01	1.31

数据来源：菲律宾历次农业普查。

从农户经营规模来看（表 8-6），可以发现菲律宾以小农户居多，而且占比在不断上升，1 公顷以下的农户在 2012 年占比高达 56.80%。

表 8-6 菲律宾不同经营规模农户数量分布情况

单位：千户

经营规模	2002 年	2012 年
1 公顷以下	1 936	3 163
1～2.9 公顷	2 020	1 779
3～7 公顷	730	527
7 公顷以上	182	100

数据来源：菲律宾历次农业普查。

第二节　农机化发展分析

一、农机化发展历程

早在 19 世纪 80 年代，来自西班牙和美国的农业机械就被引进到了菲律宾的大型农场。20 世纪 40 年代，菲律宾开始对进口农业机械实行税收优惠，不过当时的机械化作业还仅限于大型农场。1966 年到 1980 年，菲律宾政府先后鼓励贷款购买四轮拖拉机和小型动力耕耘机。20 世纪 70 年代，菲律宾绿色革命极大促进了本国农机制造业的发展，动力耕耘机和脱粒机开始大范围在当地设计和制造。从这一阶段开始菲律宾机械化发展开始由规模化农场向小规模农户拓展，之后开始快速发展。在菲律宾，很多法律法案的制定极大影响了其农业机械化的发展，其中影响较大的是 1998 颁布年的《农业和渔业现代化法》和《农业工程法》，以及 2013 年颁布的《农业和渔业机械化法》。

具体到农业机械化发展程度来讲，主要有对相关作物机械化发展的定性指标和由菲律宾创新并应用的定量农机化发展指数两种描述方式。表 8-7 展示了主要作物机械化生产发展阶段，表 8-8 展示了菲律宾农机化发展指数变化情况。

表 8-7　2012 年菲律宾主要农作物机械化生产发展阶段

生产环节	水稻、玉米	蔬菜、豆类和块根作物	水果、纤维作物	甘蔗、菠萝
耕整地	中高	低	—	中高
种植	低	低	低	中低
田间管理	低	低	低	高
收获	低	低	低	低
脱粒	中高	低	—	—
烘干	低	低	低	—
碾米/精加工	高	低	低	—

数据来源：联合国可持续农业机械化中心。

表 8-8 菲律宾农业机械化发展指数变化情况

年份	指数	备注
1968	0.198	水稻生产作业为主
1980	0.360	水稻生产作业为主
1990	0.520	水稻生产作业为主
1998	1.680	水稻和玉米生产作业为主
2010	1.500	水稻生产作业为主
2013	2.310	水稻生产作业为主
	1.230	所有作物
2017	3.915	水稻生产作业为主

数据来源：联合国可持续农业机械化中心。

　　另外，从第一产业从业人数占全社会从业人数的比例变化情况来看（图 8-3），可以发现总体呈波动下降趋势。1991 年时菲律宾第一产业从业人数占全社会从业人数的比例为 44.90％，之后波动下降至 1997 年的 39.50％后均未超过 40％，自 2015 年开始均未超过 30％，2019 年为 22.90％。

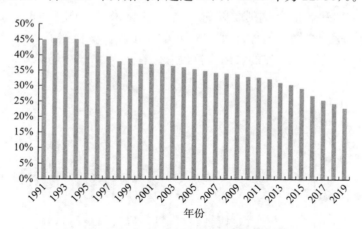

图 8-3 菲律宾历年第一产业从业人数占全社会从业人数比例情况

数据来源：联合国粮农组织。

二、主要农机产品保有量

　　从固定资本形成额变化来看（图 8-4），菲律宾的拖拉机和农机具固定资本形成额在 2004 年至 2018 年间均呈较为明显的波动增长趋势。其中，农机具固定资本形成额由 2004 年的 3.91 亿比索增长到了 2018 年的 90.49 亿比索，增幅高达 22.14 倍；拖拉机固定资本形成额则由 2004 年的 3.19 亿比索增长到了 2018 年的 38.05 亿比索，增幅也高达 10.93 倍。

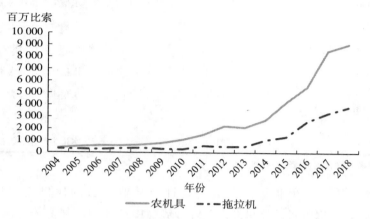

图 8-4　菲律宾历年农机固定资本形成额变化情况

数据来源：菲律宾 2019 年统计年鉴。

从菲律宾历年联合收割脱粒机保有量变化来看（图 8-5），1961 年至 2002 年期间呈持续增长趋势，由 1961 年的仅 120 台增长到了 2002 年的 1 359 台。另外，2002 年菲律宾的农用拖拉机总保有量为 152.81 万台。

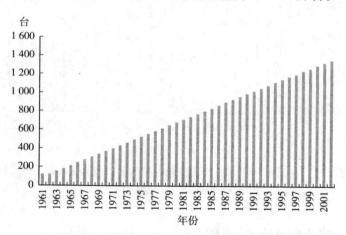

图 8-5　菲律宾历年联合收割脱粒机保有量情况

数据来源：联合国粮农组织。

第三节　农机贸易情况分析

一、主要农机产品

从进出口贸易情况来看（表 8-9），2020 年菲律宾主要农机产品处于绝对贸易逆差状态。从进口产品贸易结构来看，拖拉机是菲律宾进口贸易额最高的产品，占 2020 年菲律宾主要农机产品总进口额比重为 35.70%；其次是收获机械，占比为 29.90%；畜禽养殖机械占比也达到了 20.05%，其他各类产品占比均不超过 10%，耕整地机械、种植机械和植保机械占比分别为 3.85%、4.01% 和 6.49%。

表 8-9　2020 年菲律宾主要农机产品进出口贸易情况

单位：千美元

类别	出口额	进口额
拖拉机	0	73 312.91
耕整地机械	0	7 903.36
种植机械	0	8 230.96
植保机械	323.97	13 319.58
收获机械	291.75	61 404.45
畜禽养殖机械	5.02	41 172.32
合计	620.74	205 343.58

数据来源：根据 UN Comtrade 数据整理得到。

二、拖拉机

拖拉机是菲律宾进口额最高的大类农机产品。从拖拉机细分产品进口贸易情况来看（表 8-10），18 至 37 千瓦轮式拖拉机、18 千瓦及以下轮式拖拉机和 37 至 75 千瓦轮式拖拉机所占比重较高，分别为 57.27%、21.92% 和 18.88%。

表 8-11 展示了 2020 年菲律宾主要拖拉机产品的主要进口来源国分布情况。可以看出，18 千瓦及以下轮式拖拉机进口集中度较高，最高的日本占比为 42.87%，排名前十的国家合计占比为 99.97%。18 至 37 千瓦轮式拖拉机进口集中度非常高，最高的泰国占比为 84.83%。37 至 75 千瓦轮式拖拉机进

口集中度同样非常高，最高的印度占比为 82.86%。

表 8 - 10　2020 年菲律宾拖拉机细分产品进口贸易情况

单位：千美元

类别	进口额
单轴拖拉机	164.69
履带式拖拉机	11.54
18 千瓦及以下轮式拖拉机	16 072.08
18 至 37 千瓦（含）轮式拖拉机	41 984.57
37 至 75 千瓦（含）轮式拖拉机	13 838.41
75 至 130 千瓦（含）轮式拖拉机	663.31
130 千瓦以上轮式拖拉机	578.30

数据来源：根据 UN Comtrade 数据整理得到。

表 8 - 11　2020 年菲律宾主要拖拉机产品主要进口来源国分布

单位：%

18 千瓦及以下轮式拖拉机	占比	18 至 37 千瓦（含）轮式拖拉机	占比	37 至 75 千瓦（含）轮式拖拉机	占比
日本	42.87	泰国	84.83	印度	82.86
中国	20.00	印度	11.30	中国	8.77
泰国	16.17	日本	2.05	日本	7.49
印度	12.41	墨西哥	1.21	比利时	0.79
美国	3.13	中国	0.54	泰国	0.09
墨西哥	2.70	韩国	0.06		
英国	1.08	越南	0.01		
土耳其	0.62				
越南	0.59				
法国	0.38				

数据来源：根据 UN Comtrade 数据整理得到。

三、收获机械

收获机械是菲律宾进口额较高的大类农机产品。从收获机械细分产品进口贸易情况来看（表 8 - 12），联合收割机占比最高，为 97.57%。

表 8 - 12　2020 年菲律宾收获机械细分产品进口贸易情况

单位：千美元

类别	进口额
联合收割机	59 910.62
脱粒机	340.41
根茎或块茎收获机	16.66
其他收获机械	1 136.76

数据来源：根据 UN Comtrade 数据整理得到。

表 8 - 13 展示了 2020 年菲律宾联合收割机主要进口来源国分布情况。可以看出，联合收割机进口来源国高度集中，泰国一国占比就高达 70.05％，是第一进口来源国。

表 8 - 13　2020 年菲律宾联合收割机主要进口来源国分布

单位：％

联合收割机	占比
泰国	70.05
中国	28.34
越南	1.24
印度	0.23
日本	0.11
柬埔寨	0.02
美国	0.01

数据来源：根据 UN Comtrade 数据整理得到。

四、畜禽养殖机械

畜禽养殖机械是菲律宾进口额较高的大类农机产品。从畜禽养殖机械细分产品进口贸易情况来看（表 8 - 14），家禽饲养机械、动物饲料配制机和家禽孵卵器及育雏器所占比重较高，分别为 38.14％、34.99％和 22.53％。

表 8 - 15 展示了 2020 年菲律宾主要畜禽养殖机械产品的主要进口来源国分布情况。可以看出，动物饲料配制机进口集中度较高，最高的中国占比为 45.34％。家禽孵卵器及育雏器进口地域分布方面，最高的马来西亚占比为 50.28％。家禽饲养机械进口集中度相对不高，最高的中国占比为 28.31％，排名前十的国家合计占比为 91.40％。

表 8-14　2020 年菲律宾畜禽养殖机械细分产品进口贸易情况

单位：千美元

类别	进口额
挤奶机	812.20
动物饲料配制机	14 405.07
家禽孵卵器及育雏器	9 277.23
家禽饲养机械	15 702.61
割草机	487.49
饲草收获机	148.21
打捆机	339.52

数据来源：根据 UN Comtrade 数据整理得到。

表 8-15　2020 年菲律宾主要畜禽养殖机械产品主要进口来源国分布

单位：%

动物饲料配制机	占比	家禽孵卵器及育雏器	占比	家禽饲养机械	占比
中国	45.34	马来西亚	50.28	中国	28.31
荷兰	32.36	比利时	23.05	马来西亚	19.49
意大利	14.90	美国	13.14	荷兰	9.69
美国	3.11	中国	7.88	德国	8.68
巴西	1.83	德国	2.35	意大利	7.71
新加坡	1.42	丹麦	1.30	美国	4.65
马来西亚	0.44	法国	0.58	丹麦	4.52
土耳其	0.24	加拿大	0.44	土耳其	3.65
亚洲其他地区	0.19	印度尼西亚	0.35	印度	2.46
泰国	0.14	西班牙	0.29	比利时	2.24

数据来源：根据 UN Comtrade 数据整理得到。

小　结

（1）菲律宾是农业大国，主要以种植水稻、椰子和玉米，以及养猪、牛、羊和鸡为主；农业生产发展较快，农户经营规模不断缩小。

菲律宾是农业大国。水稻、椰子和玉米是菲律宾主要种植的农作物。收获面积方面，2020 年椰子收获面积位居世界第一，其他热带水果收获面积位居世界第四，杧果、山竹、番石榴和香蕉收获面积位居世界第六，水稻、甘蔗和大蕉收获面积位居世界第九。作物产量方面，菠萝产量位居世界第一，椰子和其他热带水果产量位居世界第三，香蕉和水稻收获面积分别位居世界第六和第八。猪、牛、羊和鸡为菲律宾主要养殖的畜禽种类，2020 年末水牛存栏量位居世界第六。柬埔寨农业生产发展较快，近年来农业增加值呈波动上升趋势，占东南亚农业增加值的比例呈波动下降趋势，占全国 GDP 比例波动下降到2020 年的 10％左右。农户平均经营规模不断缩小。

（2）菲律宾农业机械化发展较快，第一产业从业人数占全社会从业人数比例波动下降，主要农机产品保有量增长迅速。

菲律宾农业机械化发展较快，基于水稻生产的机械化指数增长迅速。第一产业从业人数占全社会从业人数的比例呈持续下降趋势，2014 年开始稳定在30％以下，2019 年为 22.90％。拖拉机和农机具固定资产形成额以及联合收割脱粒机增长迅速。

（3）菲律宾农机贸易以进口为主，进口集中度较高。

菲律宾主要农机产品整体上处于贸易逆差状态，主要进口产品为拖拉机、收获机械和畜禽养殖机械，细分产品以 18 千瓦及以下轮式拖拉机、18 至 37千瓦轮式拖拉机、37 至 75 千瓦轮式拖拉机、联合收割机、动物饲料配制机、家禽孵卵器及育雏器和家禽饲养机械为主，进口集中度非常高，泰国是重要进口来源国。

参 考 文 献

成良计，陈新环，冯革良，等，2006. 关于菲律宾农机市场的研究［J］. 农机科技推广
    （3）：40－42.

黄春杰，2018. 2018 年印度尼西亚国际农机展及印尼农机市场分析［J］. 农机质量与监督
    （11）：45.

贾悦，2020. 中国对东南亚农机产品的出口竞争力分解研究［D］. 镇江：江苏大学.

黎海波，2005. 泰国发展农业机械化的政策［J］. 现代农业装备（z2）：115－116.

彭彬，2006. 缅甸农业与农机化发展概况及中缅合作前景初探［J］. 现代农业装备（8）：
    64－67.

阮国越，2019. 越南农业机械化的现状与前瞻［J］. 农机市场（5）：61－63.

Astu Unadi，2014. Governmental Support：Custom Hiring in Indonesia［A］. In：CSAM－
    ESCAP. 2nd Regional Forum on Sustainable Agricultural Mechanization in Asia and the Pa-
    cific 2014. Serpong：51－53.

Astu Unadi，2013. Indonesia Agricultural Mechanization Strategy［A］. In：CSAM－ES-
    CAP. Regional Forum on Sustainable Agricultural Mechanization in Asia and the Pacific
    2013. Qingdao：56－58.

Astu Unadi，2016. Leading the Way for Climate－smart Agriculture through Machinery and
    Practices in Indonesia［A］. In：CSAM－ESCAP. 4th Regional Forum on Sustainable Ag-
    ricultural Mechanization in Asia and the Pacific 2016. Hanoi：56－58.

BAR（Business Analytic Center），2011. Farm Machniery Market in Thailand：Business Re-
    prot［R］. Bankok.

Chan Chee Sheng，2013. Agricultural Machinery and Mechanization Development in Malay-
    sia［A］. In：CSAM－ESCAP. Regional Forum on Sustainable Agricultural Mechaniza-
    tion in Asia and the Pacific 2013. Qingdao：62－64.

Chan Saruth，2013. Agricultural Mechanization in Cambodia：Challenges and Opportunities
    ［A］. In：CSAM－ESCAP. Regional Forum on Sustainable Agricultural Mechanization in
    Asia and the Pacific 2013. Qingdao：36－40.

Chan Saruth，2016. Biochar Production Technology in Cambodia and its Application on Ag-
    ricultural Crops［A］. In：CSAM－ESCAP. 4th Regional Forum on Sustainable Agricul-

tural Mechanization in Asia and the Pacific 2016. Hanoi: 45 – 47.

Chan Saruth, 2014. Common Practices of Custom Hiring in Cambodia [A]. In: CSAM – ESCAP. 2nd Regional Forum on Sustainable Agricultural Mechanization in Asia and the Pacific 2014. Serpong: 36 – 39.

CSAM – ESCAP, 2015. 3rd Regional Forum on Sustainable Agricultural Mechanization in Asia and the Pacific 2015 [C]. Manila.

CSAM – ESCAP, 2017. 5th Regional Forum on Sustainable Agricultural Mechanization in Asia and the Pacific 2017 [C]. Kathmandu.

Delfin C, 2013. Suministrado. Status of Agricultural Mechanization in the Philippines [A]. In: CSAM – ESCAP. Regional Forum on Sustainable Agricultural Mechanization in Asia and the Pacific 2013. Qingdao: 84 – 87.

Josef Kienzle, John E. Ashburner, Brian G. Sims, 2013. Mechanization for Rural Development: A review of patterns and progress from around the world [M]. Rome.

Khamouane Khamphoukeo, 2014. Status of Custom Hiring of Agricultural Machinery in Lao PDR [A]. In: CSAM – ESCAP. 2nd Regional Forum on Sustainable Agricultural Mechanization in Asia and the Pacific 2014. Serpong: 57 – 58.

Mohd Syaifudin Abdul Rahman, 2016. Current State Research & Development on Rice Mechanization in Achieving Climate – smart Agriculture [A]. In: CSAM – ESCAP. 4th Regional Forum on Sustainable Agricultural Mechanization in Asia and the Pacific 2016. Hanoi: 70 – 73.

Nguyen Duc Long, 2013. Vietnam's Agricultural Mechanization Strategies [A]. In: CSAM – ESCAP. Regional Forum on Sustainable Agricultural Mechanization in Asia and the Pacific 2014. Qingdao: 88 – 90.

Nguyen Quoc Viet, 2014. Status of Custom Hiring in Vietnam [A]. In: CSAM – ESCAP. 2nd Regional Forum on Sustainable Agricultural Mechanization in Asia and the Pacific 2014. Serpong: 85 – 87.

Peeyush Soni, 2016. Agricultural Mechanization in Thailand: Current Status and Future Outlook [J]. Agricultural Mechanization in Asia, Africa & Latin America, 47 (2): 58 – 66.

Phatnakhone Khanthamixay, 2016. Lao Farmer's Experience on Resilience Agriculture by Introducing Rice Direct Seeding and Mechanization [A]. In: CSAM – ESCAP. 4th Regional Forum on Sustainable Agricultural Mechanization in Asia and the Pacific 2016. Hanoi: 67 – 69.

Rossana Marie Amongo, 2014. A Conceptual Framework for the Enabling Environment for Custom Hiring of Agricultural Machinery [A]. In: CSAM – ESCAP. 2nd Regional Forum on Sustainable Agricultural Mechanization in Asia and the Pacific 2014. Serpong: 76 – 81.

Rossana Marie C. Amongo, 2016. Agricultural Mechanization Technologies for Sustainable Philippine Agriculture and Fishery Production Systems [A]. In: CSAM – ESCAP. 4th Regional Forum on Sustainable Agricultural Mechanization in Asia and the Pacific 2016. Hanoi: 86 – 104.

Sarif Hashim Bin Sarif Hassan, 2014. Practices of Custom Hiring of Agricultural Machinery [A]. In: CSAM – ESCAP. 2nd Regional Forum on Sustainable Agricultural Mechanization in Asia and the Pacific 2014. Serpong: 59 – 61.

Thepent, V, 2000. Agricultural Machinery and Mechanization Situation in Thailand. Country Report [R]. Bangkok: Agricultural Engineering Research Institute, Thailand.

Tran Duc Tuan, 2016. Results of Research Design, Manufacture and Testingof Maize Seeding Machine Following Minimum Tillage Method Suitable in Climate Change Regions [A]. In: CSAM – ESCAP. 4th Regional Forum on Sustainable Agricultural Mechanization in Asia and the Pacific 2016. Hanoi: 88 – 90.

Viboon Thepent, 2013. Agricultural Mechanization Development in Thailand [A]. In: CSAM – ESCAP. Regional Forum on Sustainable Agricultural Mechanization in Asia and the Pacific 2013. Qingdao: 77 – 80.

Viboon Thepent, 2014. Status of Custom Hiring in Thailand [A]. In: CSAM – ESCAP. 2nd Regional Forum on Sustainable Agricultural Mechanization in Asia and the Pacific 2014. Serpong: 73 – 75.

Viboon Thepent, 2016. Sustainable Agricultural Mechanization in Thailand [A]. In: CSAM – ESCAP. 4th Regional Forum on Sustainable Agricultural Mechanization in Asia and the Pacific 2016. Hanoi: 115 – 120.